博士后文库
中国博士后科学基金资助出版

轧制变厚度板材成形技术

张华伟 著

科学出版社
北京

内 容 简 介

本书系统而全面地阐述轧制变厚度板材（又称轧制差厚板）成形技术的理论基础、成形机理以及成形缺陷，并将轧制差厚板应用于实际汽车零部件的制造。除了基本理论的论述，本书重点突出工艺基础研究，且紧紧围绕轧制差厚板的实际应用问题进行论述，注重理论与实践的结合，研究成果对于推动轧制差厚板在汽车领域的应用具有重要意义。

本书适合高校机械和材料相关专业师生，以及科研院所、汽车企业、模具公司等单位的工程技术人员参考使用。

图书在版编目（CIP）数据

轧制变厚度板材成形技术/张华伟著. —北京：科学出版社，2018.3
（博士后文库）
ISBN 978-7-03-056008-7

Ⅰ. ①轧… Ⅱ. ①张… Ⅲ. ①成型轧制 Ⅳ. ①TG33

中国版本图书馆 CIP 数据核字（2017）第 309584 号

责任编辑：王喜军 / 责任校对：王晓茜
责任印制：师艳茹 / 封面设计：无极书装

科学出版社 出版
北京东黄城根北街 16 号
邮政编码：100717
http://www.sciencep.com

中国科学院印刷厂 印刷
科学出版社发行　各地新华书店经销

*

2018 年 3 月第 一 版　开本：720×1000　1/16
2018 年 3 月第一次印刷　印张：11 3/4
字数：230 000

定价：98.00 元
（如有印装质量问题，我社负责调换）

《博士后文库》编委会名单

主　任　陈宜瑜
副主任　詹文龙　李　扬
秘书长　邱春雷
编　委（按姓氏汉语拼音排序）
　　　　付小兵　傅伯杰　郭坤宇　胡　滨　贾国柱　刘　伟
　　　　卢秉恒　毛大立　权良柱　任南琪　万国华　王光谦
　　　　吴硕贤　杨宝峰　印遇龙　喻树迅　张文栋　赵　路
　　　　赵晓哲　钟登华　周宪梁

《博士后文库》序言

1985年,在李政道先生的倡议和邓小平同志的亲自关怀下,我国建立了博士后制度,同时设立了博士后科学基金。30多年来,在党和国家的高度重视下,在社会各方面的关心和支持下,博士后制度为我国培养了一大批青年高层次创新人才。在这一过程中,博士后科学基金发挥了不可替代的独特作用。

博士后科学基金是中国特色博士后制度的重要组成部分,专门用于资助博士后研究人员开展创新探索。博士后科学基金的资助,对正处于独立科研生涯起步阶段的博士后研究人员来说,适逢其时,有利于培养他们独立的科研人格、在选题方面的竞争意识以及负责的精神,是他们独立从事科研工作的"第一桶金"。尽管博士后科学基金资助金额不大,但对博士后青年创新人才的培养和激励作用不可估量。四两拨千斤,博士后科学基金有效地推动了博士后研究人员迅速成长为高水平的研究人才,"小基金发挥了大作用"。

在博士后科学基金的资助下,博士后研究人员的优秀学术成果不断涌现。2013年,为提高博士后科学基金的资助效益,中国博士后科学基金会联合科学出版社开展了博士后优秀学术专著出版资助工作,通过专家评审遴选出优秀的博士后学术著作,收入《博士后文库》,由博士后科学基金资助、科学出版社出版。我们希望,借此打造专属于博士后学术创新的旗舰图书品牌,激励博士后研究人员潜心科研,扎实治学,提升博士后优秀学术成果的社会影响力。

2015年,国务院办公厅印发了《关于改革完善博士后制度的意见》(国办发〔2015〕87号),将"实施自然科学、人文社会科学优秀博士后论著出版支持计划"作为"十三五"期间博士后工作的重要内容和提升博士后研究人员培养质量的重要手段,这更加凸显了出版资助工作的意义。我相信,我们提供的这个出版资助平台将对博士后研究人员激发创新智慧、凝聚创新力量发挥独特的作用,促使博士后研究人员的创新成果更好地服务于创新驱动发展战略和创新型国家的建设。

祝愿广大博士后研究人员在博士后科学基金的资助下早日成长为栋梁之才,为实现中华民族伟大复兴的中国梦做出更大的贡献。

中国博士后科学基金会理事长

序

该书作者邀请我为这部专著写序言,我爽快地接受了这个邀请。首先,该书是关于轧制变厚度板(差厚板)的,而变厚度轧制技术及其产品差厚板是我们课题组近年来屈指可数的几项成果中,我颇为看重的一项。我和课题组为此付出心血的各位师生,见证了差厚板从呱呱坠地到长大成人的全过程。对于差厚板,我关爱有加,视为己出。

其次,为差厚板找个"好婆家",一直是我昼思夜想的心愿。出嫁前给女儿备好嫁妆、精心打扮,是父母甘心付出、义不容辞的责任。感谢该书作者能在这个节骨眼儿上,针对差厚板使用中将会遇到的各种问题,为差厚板的用户送上一份厚礼,也为我解决了给差厚板选择嫁妆的一个难题。我满怀欣喜地向读者推荐该书,希望该书能够陪伴差厚板产品进入用户视野,开辟出一片轻量化产品的新天地,开启差厚板乘风远航的新征程。

再次,粗读该书之后,我对这份嫁妆还是很满意的。我欣赏该书作者能够在结构板材几何特征、组织性能、冲压工艺三方面的交叉点上,将理论研究、数值模拟、实验验证三种手段相结合,针对差厚板冲压成形工艺与技术进行系统研究,把这样一个看似平凡普通的小题目,做成一篇风生水起、深入浅出、不落窠臼的大文章。

该书搭建起从差厚板生产到使用之间的一座桥梁。作为一项新生事物,差厚板在我国的规模化生产和使用,不过是近三四年的事情。从2013年3月9日上汽集团组织召开的沈阳东宝海星公司差厚板量产总结会算起,差厚板生产和应用在我国从无到有,经历了一个艰难的发展过程,差厚板曾经"养在深闺人未识"。潜在用户中,还有很多人对差厚板知之甚少,甚至不认识、不了解;对差厚板应用不熟悉、不得力。过去我在向下游用户推介差厚板的时候,经常被问及冲压性能、成形极限、模具设计、回弹预测等广泛的问题,因此常为找不到详细资料而苦恼。如今我高兴地看到,该书的内容解决了困惑我的一部分难题,帮我从无助中找到了答案。我相信该书会在助力差厚板推广应用的进程中发挥出独特的推动作用。把它说成是差厚板应用天空中的一场及时雨,我觉得也不为过。

国外针对差厚板的研究比我国略早,但是世界第一家差厚板生产厂商德国的慕贝尔公司(Mubea Ltd.)规模化生产的历史也不过十几年。国外差厚板方面的论著很少,除了早年德国阿亨大学(有时译作亚琛工业大学,Aachen University,

RWTH）金属成形研究所（Institute of Metal Forming，IBF）的考普教授（Prof. R.Kopp）及其所在团队的几篇经典论文，2010 年后随着考普教授告老还乡，差厚板方面的国外论著更是寥若晨星，很难检索到既适求对路，又读来解渴的参考文献。倒是中国期刊在自然科学基金资助下，发表了一系列差厚板的研究成果以及企业应用案例，在差厚板研究与应用的道路上留下几个阶段标志性的印记。这也与我国目前是世界第二个、亚洲唯一具备差厚板批量生产能力的国家有关。学术研究要与产业化发展需求相适应，毫无疑问，该书的出版将进一步满足我国与差厚板相关的技术人员（包括汽车制造企业、零部件供应商、差厚板生产和研究单位等）对掌握差厚板成形理论知识和生产规律的迫切需求，同时将加重中国学者在差厚板研究方面学术贡献的分量，使差厚板研究从变厚度轧制生产、组织与性能控制到冲压成形及其在汽车轻量化中应用整个学术链条更加清晰、系统、完整。

该书内容涉及差厚板冲压成形的各个方面，包括反映差厚板力学特征的单向拉伸试验、反映差厚板成形性能的拉深成形实验以及弯曲成形实验、数值模拟分析和机理探索等，内容涵盖了回弹、起皱、断裂等冲压成形中被广泛关注的质量问题，给出了 A 柱加强板等差厚板的应用实例。全书有大量数值模拟算例，有丰富的实验研究数据和反映变形规律的曲线与图表，把这些大家关心的内容汇集在一起，会给那些正在和将要与差厚板应用打交道的技术人员提供便利。从这个意义上说，把该书作为相关技术人员可信手拈来的案头卷，是一项明智的选择。

差厚板是一类新产品，差厚板的冲压成形是一项新工艺。差厚板的研制与应用，还在不断向前发展的道路上。毫无疑问，不同种类、不同规格、不同用途的差厚板今后会层出不穷，伴随着差厚板产品升级换代和用户要求的提升，差厚板冲压成形新工艺也会不断变化、不断革新、不断升级。希望该书为差厚板产品添上一对雄健的翅膀，在汽车轻量化的天空中展翅翱翔，飞向远方！

2017 年 6 月 28 日，于东北大学无锡研究院

前　　言

轧制变厚度板材，又称轧制差厚板（tailor rolled blank，TRB），是继激光拼焊板（tailor welded blank，TWB）之后，又一种基于新材料加工技术的结构轻量化板材。与 TWB 相比，TRB 在力学性能、减重效果、表面质量、生产成本等方面具有独特的优势，可以替代同等材质、同等宽度、不同厚度的 TWB，在汽车领域发挥巨大的作用。将 TRB 广泛地应用于汽车零部件的制造，能够大大提高汽车行业的轻量化水平，实现节能减排，助力汽车产业的发展。因此，在振兴我国汽车产业的进程中，TRB 必将大有可为。

然而，在 TRB 获得大规模应用之前，必须首先掌握其成形技术，以便为 TRB 零件的制造提供指导和借鉴。采用 TRB 进行汽车零部件的制造所带来的产品性能的提高以及零件重量的减轻都是传统的等厚度板以及激光拼焊板所不能及的，对其成形技术的研究具有非常好的实际意义和工程应用价值。

本书以中国博士后科学基金项目"轧制差厚板拉深成形基础理论及成形性能研究"和河北省自然科学基金项目"基于 Hill 理论的轧制差厚板拉深成形性能研究"为依托，将理论、仿真、实验三种手段相结合，针对轧制差厚板的成形技术进行系统的研究，包括单向拉伸、拉深成形以及弯曲成形，建立理论模型，探索成形机理，抑制成形缺陷，分析影响因素，研究成果能够为差厚板零件的实际生产奠定理论与工艺基础。

借本书出版之际，首先感谢我的博士生导师、国家杰出青年科学基金获得者胡平教授。导师严谨的治学态度、渊博的理论知识、敏锐的学术思维、精益求精的工作态度以及诲人不倦的师者风范值得我终生学习。此外，刘相华教授、官英平教授以及刘立忠副教授在科研道路上也给予我很大的帮助，他们高深精湛的造诣与严谨求实的精神，将永远激励着我。

我还要感谢一直以来给予我无限恩情的父母，正是父母的悉心呵护和不断鼓励才有了今天的我；特别感谢我的妻子对我的关心和照顾，妻子的支持是我前进的动力；同时还要感谢我的儿子，儿子的可爱是我战胜困难的力量源泉。

本书的出版得到了中国博士后科学基金（2016M591404）和河北省自然科学基金（E2016501118）的资助，在此一并表示感谢。

由于作者水平有限，书中难免有疏漏或不妥之处，诚恳欢迎各位读者批评指正。

张华伟

2017 年 10 月 22 日

目　录

第1章　轧制差厚板研究现状分析 ··· 1
  1.1　研究背景 ·· 1
  1.2　轧制差厚板介绍 ·· 2
      1.2.1　轧制差厚板的生产工艺 ·· 3
      1.2.2　轧制差厚板与激光拼焊板的对比 ······························ 4
      1.2.3　轧制差厚板在汽车零件上的应用实例 ························ 6
  1.3　轧制差厚板的国内外研究现状 ······································ 8
      1.3.1　轧制工艺 ··· 8
      1.3.2　成形性能 ··· 9
  1.4　轧制差厚板研究中存在的主要问题 ································ 14
  1.5　本书的主要研究方法及研究内容 ···································· 15
      1.5.1　研究方法 ··· 15
      1.5.2　研究内容 ··· 16

第2章　轧制差厚板成形仿真的基本理论 ······························· 19
  2.1　有限元仿真的发展历程 ·· 19
      2.1.1　成形仿真 ··· 19
      2.1.2　回弹仿真 ··· 20
  2.2　数值仿真算法 ·· 21
      2.2.1　有限元控制方程 ·· 21
      2.2.2　静力算法 ··· 21
      2.2.3　动力显式算法 ··· 22
  2.3　屈服准则 ·· 24
      2.3.1　Hill（1948）屈服准则 ·· 24
      2.3.2　3参数Barlat（1989）屈服准则 ······························· 25
  2.4　单元类型 ·· 26
  2.5　接触处理及摩擦力计算 ·· 27
  2.6　本章小结 ·· 29

第3章　轧制差厚板基本力学性能研究 ··································· 30
  3.1　退火处理 ·· 30

3.2 硬度测试···32
　　3.2.1 方案设计···32
　　3.2.2 测试结果···34
3.3 轧制差厚板单向拉伸过程的力学解析···35
　　3.3.1 力学解析模型···35
　　3.3.2 变形量计算公式···36
3.4 单向拉伸试验···37
　　3.4.1 影响板料冲压成形的力学性能参数···37
　　3.4.2 拉伸试验准备···41
　　3.4.3 拉伸试验结果···43
　　3.4.4 试验结果的微观解释···45
3.5 轧制差厚板应力应变场的构造及单向拉伸仿真···48
　　3.5.1 应力应变场的构造···48
　　3.5.2 单向拉伸仿真···50
3.6 本章小结···53

第4章 轧制差厚板拉深成形技术研究···54
4.1 轧制差厚板盒形件拉深成形机理及特点···54
　　4.1.1 成形机理···54
　　4.1.2 应力状态···54
　　4.1.3 变形特点···55
4.2 轧制差厚板盒形件拉深成形实验与仿真设置···58
　　4.2.1 实验条件···58
　　4.2.2 仿真设置···58
4.3 轧制差厚板盒形件拉深成形缺陷···62
　　4.3.1 起皱···62
　　4.3.2 破裂···65
　　4.3.3 过渡区移动···68
4.4 差厚板拉深成形性能影响因素分析···71
　　4.4.1 退火工艺对差厚板拉深成形性能的影响···71
　　4.4.2 压边力类型对差厚板拉深成形性能的影响···72
　　4.4.3 压边力值对差厚板拉深成形性能的影响···74
　　4.4.4 板料厚度差对差厚板拉深成形性能的影响···83
　　4.4.5 过渡区长度对差厚板拉深成形性能的影响···85
　　4.4.6 过渡区位置对差厚板拉深成形性能的影响···87
　　4.4.7 板料尺寸对差厚板拉深成形性能的影响···91

4.5 改善差厚板盒形件拉深成形性能的途径 …… 94
4.5.1 抑制起皱的措施 …… 94
4.5.2 限制破裂的方法 …… 95
4.5.3 减小过渡区位移的途径 …… 95
4.6 本章小结 …… 96

第5章 轧制差厚板纵向弯曲成形技术研究 …… 98
5.1 弯曲回弹理论 …… 99
5.1.1 回弹机理 …… 99
5.1.2 回弹的力学分析 …… 101
5.2 差厚板的塑性弯曲回弹 …… 103
5.2.1 差厚板弯曲回弹前后的曲率变化 …… 104
5.2.2 差厚板弯曲角度回弹量 …… 105
5.3 回弹数值仿真精度的影响因素 …… 106
5.3.1 板料网格单元及网格尺寸 …… 106
5.3.2 虚拟凸模速度 …… 107
5.3.3 厚向积分点数目 …… 108
5.3.4 约束条件 …… 108
5.3.5 材料模型及参数 …… 109
5.3.6 计算控制参数 …… 110
5.4 轧制差厚板U型件纵向弯曲成形及回弹仿真设置 …… 111
5.5 U型件回弹趋势及测量方法 …… 112
5.6 仿真结果分析 …… 112
5.6.1 材料性能对差厚板回弹的影响 …… 118
5.6.2 板料厚度对差厚板回弹的影响 …… 118
5.6.3 过渡区长度对差厚板回弹的影响 …… 120
5.6.4 过渡区位置对差厚板回弹的影响 …… 120
5.6.5 板料尺寸对差厚板回弹的影响 …… 121
5.6.6 压边力对差厚板回弹的影响 …… 123
5.6.7 凸凹模间隙对差厚板回弹的影响 …… 124
5.6.8 摩擦系数对差厚板回弹的影响 …… 126
5.7 实验验证 …… 127
5.8 回弹的控制方法 …… 129
5.9 差厚板纵向弯曲回弹的控制方法 …… 131
5.10 本章小结 …… 131

第6章 轧制差厚板横向弯曲成形特性分析 ……133
6.1 弯曲成形仿真及结果分析 ……133
6.1.1 材料类型对差厚板弯曲性能的影响 ……137
6.1.2 板料尺寸对差厚板弯曲性能的影响 ……138
6.1.3 板料厚度对差厚板弯曲性能的影响 ……140
6.1.4 过渡区长度对差厚板弯曲性能的影响 ……141
6.1.5 过渡区位置对差厚板弯曲性能的影响 ……142
6.1.6 压边力对差厚板弯曲性能的影响 ……144
6.1.7 模具间隙对差厚板弯曲性能的影响 ……145
6.1.8 摩擦系数对差厚板弯曲性能的影响 ……146
6.2 实验验证 ……148
6.3 差厚板横向弯曲回弹及过渡区移动的控制方法 ……151
6.4 本章小结 ……152

第7章 轧制差厚板在某车型A柱加强板上的应用研究 ……153
7.1 A柱加强板介绍 ……153
7.2 差厚板A柱加强板冲压成形及回弹分析 ……154
7.3 优化设计 ……156
7.4 本章小结 ……159

第8章 结论与展望 ……160
8.1 结论 ……160
8.2 展望 ……162

参考文献 ……163
编后记 ……171

第1章 轧制差厚板研究现状分析

1.1 研究背景

根据 LMC Automotive 数据，2015 年全球轻型车新车销量达到 8910.17 万辆，同比增长 2%，增长趋势有所放缓，即便如此，全世界汽车保有量已突破 11.2 亿辆。随着汽车产量和保有量的急剧增长，能源短缺与环境恶化问题日益加剧。

目前，汽车的节能环保问题主要通过以下几种方式来解决：一是研发以电动汽车为代表的新能源汽车，减少对石油的消耗；二是改进发动机技术，提高燃烧效率，改善燃油经济性；三是发展汽车轻量化技术，在不降低汽车性能的前提下，通过减轻汽车自重来实现节能减排。综合来看，短时间内传统汽车仍将占据统治地位，在目前发动机技术提升难度日益增大的情况下，大力推动汽车轻量化技术的发展成为解决节能环保问题的理想方式[1]。

汽车轻量化技术是在确保汽车综合性能指标的前提下，采用现代化的设计方法和手段对汽车产品进行优化设计，尽可能降低汽车的自重，以满足节能、环保和安全要求的综合指标。世界铝业协会指出：如果汽车重量减少 10%，燃油消耗可降低 6%~8%，排放量降低 5%~6%；而燃油消耗每减少 1L，CO_2 排放量减少 2.45kg。降低燃油消耗量不仅有利于节约能源，也可有效减少污染物排放。可见，减轻汽车自重是提高节能环保性能的有效途径。因此，汽车轻量化技术成为现代汽车研究领域的一个重点课题[2,3]。

对于汽车轻量化而言，轻量化材料的应用是其关键所在，主要表现在三个方面：一是开发新型高强度、小密度的轻质材料，用其取代传统钢铁零部件可以大大减轻汽车自重，如镁、铝合金等金属材料，以及塑料聚合物、陶瓷、复合材料等非金属材料；二是使用高强度、同密度的材料，与普通钢板相比，这种材料的应用能够在满足同等强度要求的前提下减薄零件的厚度，进而减轻零件的重量，如高强钢就是最典型的例子；三是采用基于新材料加工技术的结构轻量化板材，实现车身零部件的简化，节约生产材料，提高零部件性能，如连续挤压变截面型材、金属基复合材料板、激光焊接板、轧制差厚板等[4]。目前，汽车企业通常通过结构优化、高强度材料和镁铝材料的应用以及材料加工工艺创新等措施，在保持整车强度的前提下，实现汽车的轻量化[5]。

尽管汽车轻量化推动了大量新材料的应用，但是由于钢具有较高的性价比，并且人们在长期的实践中积累了丰富的针对钢冶炼以及成形加工的经验，这就决定了至少在一定时期内，汽车车身板材仍是以钢为主。可以预料，随着汽车轻量化技术的发展，轻质材料将会越来越受到人们的重视，而钢材仍将在较长的时期内占据主导位置。然而，无论使用新型的轻质材料还是传统的钢材，新材料加工技术都将成为汽车轻量化技术的重要组成部分[6-13]。

1.2　轧制差厚板介绍

作为新材料加工技术的产物，激光拼焊板（TWB）从20世纪80年代开始就被日本和欧美的汽车厂商广泛应用于汽车制造领域。TWB[14-16]是指将不同厚度、不同表面镀层甚至是不同原材料的金属板焊接在一起，然后再进行冲压，从而使拼焊而成的钣金结构达到最优化的材料组合[17, 18]。冲压工程师可以根据零件上各个部分实际受力和变形的大小，预先定制一块合适的拼接板料，从而达到节省材料和提高零件性能的目的。目前，在一些汽车制造强国，TWB已经成为汽车制造业的新标准工艺。TWB在车身上的应用已经比较广泛，主要包括汽车车身侧框、车门内板、车身底盘、马达间隔导轨、中间立柱内板、挡泥板和防撞箱等，如图1.1所示[19-21]。

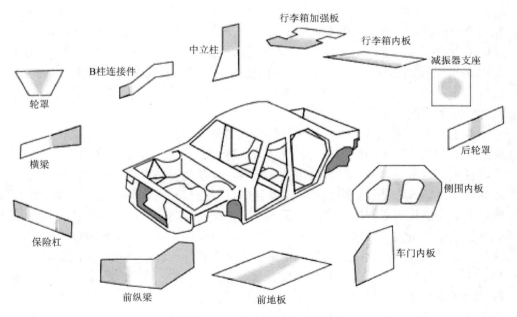

图1.1　TWB在车身上的应用

继 TWB 之后，另一种基于新材料加工技术的结构轻量化板材，即轧制差厚板（TRB）于 20 世纪 90 年代在德国亚琛工业大学金属成形研究所（IBF）被开发出来[22]。柔性轧制技术是生产 TRB 的核心技术，它能够实现轧辊间隙在轧制过程中实时的监测、控制和调整，进而获取沿轧制方向预先定制的变截面形状[23]。由 TRB 加工而成的零部件具有更好的承载能力，并且能够显著减轻重量。TRB 一经诞生，便展示出了巨大的潜力和诱人的前景，其在汽车车身上的应用如图 1.2 所示[24, 25]。

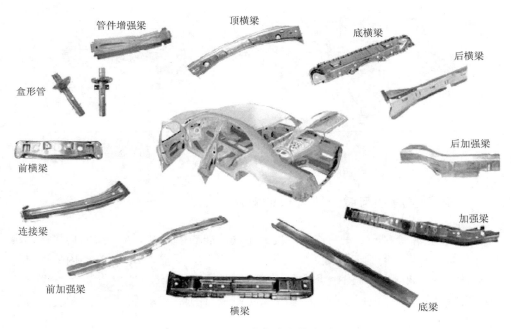

图 1.2 TRB 在车身上的应用

1.2.1 轧制差厚板的生产工艺

TRB 的生产方法是先轧制出周期性变厚度的带材，再按照需要分段剪切成若干长度为 L 的 TRB，见图 1.3[26]。

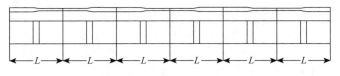

图 1.3 周期性变厚度带材示意图

TRB 的生产过程如图 1.4 所示[27-29]。安装在轧机内部的液压缸按照预定的程序带动轧辊对带材实施周期性变压下率轧制，通过控制装置来匹配水平方向的轧制速度和垂直方向的压下速度，进而能够保证不同厚度区间的长度和过渡区的形状、尺寸。厚度传感器实时监测板料的厚度，并及时反馈给控制装置来修正厚度偏差。轧制完成的周期性变厚度带材依次经过矫直、剪切以及收集，最终成为制造汽车零部件的坯料——TRB。

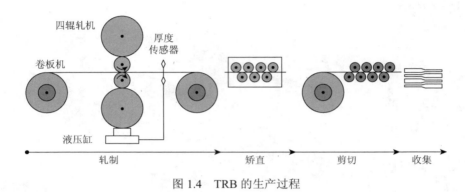

图 1.4 TRB 的生产过程

1.2.2 轧制差厚板与激光拼焊板的对比

TWB［图 1.5（a）］是将不同厚度、不同性能的板材焊接在一起的拼接板，将其用于车身覆盖件的制造取得了非常好的减重效果。目前，TWB 在国内外均已得到大规模的工业应用。TRB［图 1.5（b）］则是通过柔性轧制技术生产的变厚度板材，它继承了 TWB 根据载荷工况要求来定制板材的优势，拥有巨大的发展潜力。

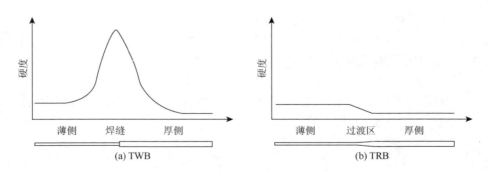

图 1.5 TWB 与 TRB 的硬度分布情况对比

综合来看，TRB 与 TWB 相比具有以下优势[30]。

（1）更好的成形性能。图 1.5 为沿厚度变化方向上 TWB 和 TRB 硬度分布情况的比较。由于 TRB 的厚度连续变化且没有焊缝,这样就消除了厚度突变处的应力、硬度峰值和因焊缝引起的热影响区域,因此具有良好的成形性能。

(2)更明显的减重效果。将等厚板、TWB 及 TRB 三种板材制成具有同样刚度的梁结构,则其减重效果对比如图 1.6 所示。由图可知,TRB 的减重效果更加明显。TRB 零件的截面形状可以连续变化以适应不同部位承受不同的载荷,从而比 TWB 零件具有更佳的减重效果。

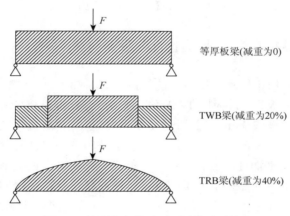

图 1.6 等刚度条件下不同梁的减重效果

(3)更优的表面质量。TRB 没有焊缝缺陷,表面质量好,可以作为汽车车身的外覆盖件使用。

(4)更低的生产成本。TRB 的制造成本不受厚度过渡区数量的影响,而 TWB 的制造成本则随着焊缝数量的增加而增加。另外,TRB 省去了焊接及相关的一系列工序,减少能耗和过程损耗,并且在连续性生产时,其生产效率高,这些均可降低生产成本。

但是,TRB 并不能完全取代 TWB,原因是 TRB 也有如下局限性。

(1)TRB 的变截面厚度只能发生在板料的初始轧制方向,并且厚度变化也只能在一定范围内。

(2)TRB 只能实现同种材质、同种宽度板材的连接。

(3)目前的生产能力只能生产出最大宽度为 750mm 的 TRB。

由以上对比分析可知,TWB 的制造灵活性更好,但是 TRB 在力学性能、减重效果、表面质量、生产成本等方面占优。从综合指标来看,TRB 具有更大的优势。目前,TRB 可以替代同等材质、同等宽度、不同厚度的 TWB,将来的发展趋势是开发按照负载和结构要求设计过渡区的下一代差厚板。而且,为达到汽车轻量化的目的,可以采用一种更好的方案:把 TRB 与 TWB 组合在一起,制成真正意义上的"任意拼接板"（tailored blank，TB）[31]。这样既能保证截面形状的连续变化，又能实现不同材料的组合，实现优势互补，从而得到一种新型的汽车轻量化用材，如图1.7所示。

图 1.7　任意拼接板示意图

1.2.3　轧制差厚板在汽车零件上的应用实例

　　理论上，所有用于板料冲压成形的等厚度薄板都可以用 TRB 来代替。而且，与传统的等厚度薄板相比，应用 TRB 不仅能够带来产品性能的提高，还可以实现零件重量的减轻。德国 Mubea 公司已经生产出超过 1500 万件差厚板，供应给奥迪、宝马、大众等汽车制造厂家，广泛应用于轿车车身的各种梁、柱、板、管类零部件。TRB 具有截面连续变化、力学性能变化平缓、表面光滑等特点，因此主要应用于车身外覆盖件和车身横梁、纵梁、横向稳定杆、各类固定支架，如发动机盖板、B 柱、车身底盘、马达间隔导轨、中间立柱内板、挡泥板、防撞箱等。

　　图 1.8 为一个被用在梅赛德斯-奔驰 E 级轿车上的 TRB 原型零件。这个由 TRB 冲压制成的连接件位于轿车后部，左右对称。前端板料厚度为 0.88mm，后端板料厚度为 1.15mm，中间区域板料厚度均匀过渡，与以前由等厚度板冲压制成的同一零件相比，采用 TRB 制成的零件不仅重量轻而且零件经受碰撞时各个部位的受力更加均匀。

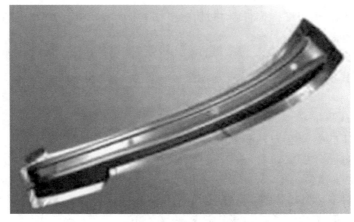

图 1.8　梅赛德斯-奔驰 E 级轿车连接梁

图 1.9 和图 1.10 为另外两个 TRB 在汽车制造工业上的应用实例。图 1.9 所示的零件为克莱斯勒轿车车身上的一个横梁,使用 TRB 来代替原来的等厚度板料后,零件的重量降低了 25%,并且零件的承载性能获得了提高。图 1.10 为大众轿车车身上的一个边梁,其承受最大载荷中间部位的厚度为 3.00mm,两端的厚度分别为 1.50mm 和 2.00mm,减重幅度高达 45%。

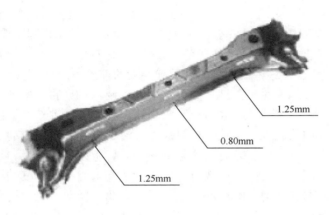

图 1.9 克莱斯勒轿车车身横梁

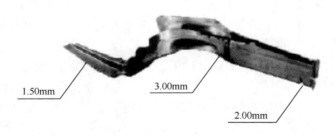

图 1.10 大众轿车车身边梁

另外,TRB 已在新型宝马 6 系列车身上得到应用。TRB 应用在地板总成中作为脚支架、前后座椅横支梁以及座椅纵支架等结构件。使用这些结构件,改善了汽车的侧面碰撞性能,并将这个范围的结构件数量从 19 件减少到 7 件。

除了梁结构件,发动机盖板也是 TRB 的理想应用对象,能够充分发挥 TRB 的优势。发动机盖板的两侧要求有足够好的刚性,可以采用较大的板厚;中间部位几乎不承受任何外力,仅需防止高速行驶中可能出现的颤振即可,故板厚可以较薄以减轻重量;两侧到中部为连续、光滑过渡,保证了车身的美观和良好的空气动力学特性。

1.3 轧制差厚板的国内外研究现状

1.3.1 轧制工艺

TRB 于 20 世纪末在德国亚琛工业大学金属成形研究所被开发出来，对 TRB 的早期研究工作也主要集中在这里，初期的研究重点是柔性轧制制造工艺的开发。

德国亚琛工业大学金属成形研究所的研究人员 Schwarz 等[32]首先提出了柔性轧制板材的概念，认为这种板材在满足承载要求的前提下能够节省材料。Hauger[33]在博士论文里详尽地探讨了柔性轧制控制技术以及 TRB 的制备工艺，而且还对 TRB 的截面形状进行了分类。Kopp 和 Bohlke[34]提出了一种新的柔性轧制工艺，这种工艺使用专门的轧辊系统使得材料只能够沿板料宽度方向流动，因此板料宽度大大增加，在垂直于轧制方向上的厚度变化最高能够达到 50%。研究指出：这种板料的应用范围包括具有适应载荷和优化载荷要求的不同厚度结构，如特殊轮廓和特殊横截面的管结构。Ryabkov 等[35]详细介绍了横向与纵向均有厚度变化的差厚板轧制工艺链，并讨论了不同应变硬化级别对轧制过程的影响，认为差厚板纵向轧制工艺的应变硬化极大地影响其后续横向轧制工艺的胀形成形。Hirt 和 Davalos-Julca[36]模拟了变厚度板材的横轧过程，分析了每辊压下率、轧辊几何型面等因素对差厚板胀形率的影响，并以此作为依据进行了轧辊以及轧制顺序的优化设计，获得了预期的差厚板几何尺寸。

我国对 TRB 的研究起步较晚。21 世纪初，国内学者才开始对 TRB 进行研究。东北大学的刘相华等[26, 29, 37-43]针对 TRB 轧制技术进行了一系列的研究，建立了我国第一条 TRB 生产线，探讨了 TRB 的生产方法、适用范围、优点和局限性，并重点研究了轧制过程相关理论与控制模型，分析了生产差厚板的关键技术，提出了 TRB 厚区和薄区之间的过渡曲线的优化设计思想，给出了四种类型的过渡曲线，这些研究成果为针对差厚板的后续研究以及实际应用奠定了基础。

上海理工大学的杜继涛等[44-51]针对 TRB 的轧制理论进行了广泛的研究，建立了 TRB 的辊缝控制模型，给出了实现 TRB 厚度控制的框架模型，研究了 TRB 轧制液压伺服系统建模控制方法，提出了将数学模型、人工智能和虚拟制造集成起来建模的策略以进一步提高板厚形状控制精度。在此基础上以某汽车覆盖件为例，将模糊集重心理论应用于 TRB 工艺方案中，得到了理想的结果。研究结论为推广 TRB 在车身上的应用提供了参考，并为车身轻量化拓宽了思路，对汽车降低能耗具有较好的推动作用。

太原科技大学的丁雷[52]利用离散化方法分析了钢板在压下量连续变化时的变形规律，提出了变厚度钢板轧制过程中辊缝设定模型，建立了相应的轧制力及长度预测等数学模型，为变厚度轧制技术的研究提供了理论依据。分析了轧件倾斜角、摩擦因数、轧件的宽厚比这三种不同的轧制条件对变厚度轧制过程的影响，研究了变厚度轧制的厚度控制，建立了适合于变厚度轧制的动态目标绝对值厚度控制模型。

北京科技大学的余伟等[53]基于离散化的控制思想和轧制弹跳方程建立了一种用于单机架可逆式四辊冷轧机厚度控制系统的TRB变厚度区轧制辊缝设定模型，研究了辊缝变化的非线性规律，并在实验轧机上进行了单厚度过渡区的TRB轧制，成功生产出过渡区长度为50mm的TRB。此外，该课题组还根据变厚度轧制特点和前滑定义，推导了一种变厚度轧制的前滑值的理论模型[54]。针对四种不同变厚度区形状的轧件在轧制摩擦因数为0.08和0.1工况条件下的轧制过程进行了数值模拟，最后通过TRB变厚度轧制试验验证了前滑理论模型的精度。

燕山大学的董连超等[55, 56]依据变厚度轧制的特点从力学、变形、运动学等条件出发，推导出了适合变厚度轧制的咬入角、变形区长度、中性角、前滑和金属的平均变形速度公式，并对已有的宽展公式进行了修正以适应变厚度轧制过程。在此基础上，通过有限元技术对轧制过程进行了模拟，提出一种以一次曲线主导，高次曲线过渡的新型过渡曲线，解决了一次过渡曲线轧制力突变和高次过渡曲线轧制力过大的问题，而且在一定程度上提高了生产效率。

重庆交通大学的Zhang和Tan[57]基于体积不变原则推导了轧辊垂直运动时间步数的数学计算公式，建立了轧辊在该方向上的位移-时间曲线，并基于仿真结果建立了轧辊沿垂直方向上的速度表达式。研究认为，差厚板的厚度差、过渡区长度、轧辊直径以及旋转速度均会对轧辊的垂直速度产生极大的影响。

1.3.2 成形性能

目前，轧制技术已经比较成熟，能够稳定、高效地生产出高质量的TRB板材，TRB柔性轧制系统开始从试验原形系统到大规模工业自动化生产线的技术转移。随着TRB的大量生产，其成本不断降低。部分汽车车身结构已经开始使用TRB来制造，目前主要包括汽车连接部件、边框架、防撞箱以及液压成形管件等。为了扩大这一新技术在轻量化设计的应用范围，十分有必要对其在后续成形加工过程中的变形特性进行研究，并积累起相关的"know-how"以支持实际的生产制造。因此，研究人员就开始将注意力转移到TRB的实际应用领域，对于TRB成形方面的早期研究主要还是集中在TRB的诞生地——德国亚琛工业大学金属成形研究所。

Wiedner[58]针对 TRB 在胀形过程中的应变问题进行了实验研究。与 Wiedner 所做的实验相配合，Friedrich[59]首次尝试利用有限元分析方法来模拟 TRB 的胀形过程，并且对 TRB 所有部分均使用同一种材料参数来定义其材料模型。然而，由于 TRB 在柔性轧制过程中沿轧制方向上的变形程度并不一样，薄侧的变形较大，厚侧的变形较小甚至是没有变形，这就导致沿轧制方向上存在着较为明显的非均一材料特性。因此，Friedrich 所做的有限元模拟没能得到和实验相吻合的结果，而且计算过程需要耗费很长的时间。针对这个问题，Wiedner 将壳单元引入 TRB 的成形模拟[60]。由于 TRB 仍然具有普通薄板的几何特性，即板料长度和宽度方向的尺寸要远大于厚度方向上的尺寸，采用壳单元完成 TRB 的网格划分，TRB 的变形过程以及应力应变关系仍然能够得到较为精确的描述，虽然模拟精度与块单元相比略有降低，但是却因此极大地提高了有限元分析的效率，大大缩短了计算时间。此外，Wiedner 还对 TRB 的拉深成形过程进行了数值模拟，尤其针对经过热处理的 TRB 所进行的数值模拟取得了理想的效果。热处理后的 TRB 由于沿轧制方向上非均一的材料特性明显减弱，各部分的材料性能基本保持一致，因此即使对 TRB 赋予单一的材料参数，其计算结果误差仍然较小。而对于未经热处理的 TRB，其非均一的材料特性不能忽视，若对 TRB 只采用单一的材料参数，无法正确描述其在成形过程中的应力应变关系，所以计算结果并不理想。

Friedrich 和 Wiedner 的研究工作标志着对于 TRB 的研究重点由轧制工艺转向了成形特性，从此开启了针对 TRB 成形性能方面的研究。Witulski[61]通过实验研究了过渡区长度对 TRB 拉胀成形的影响，并且得出了一些有用的结论。该研究考虑了 TRB 主要几何特征参数之一的过渡区长度对 TRB 成形性能的影响具有较好的实际意义。Ebert[62]分别采用刚性压边和弹性压边两种方式对具有两个厚度过渡区的 TRB 进行了拉深实验研究，发现采用合适的弹性压边后，TRB 在拉深过程中出现的起皱现象有了明显的改善。此外，他还对未经热处理和经过热处理的 TRB 在拉深过程中的成形性能进行了比较。Ebert 在其博士论文中充分比较了压边方式以及热处理对 TRB 成形性能的影响，能够为 TRB 零件的生产提供借鉴。Greisert 等[63]研究了微合金高强钢 TRB 以及 TWB 的成形性能，认为经过退火处理的 TRB 在成形性能上与冷轧基板相当而优于 TWB。该研究以微合金高强度钢作为基体板材，比较了 TRB 与 TWB 的成形特性，为进一步拓宽 TRB 的应用范围提供了思路。Meyer 等[24]通过仿真和实验对 TRB 的成形性能进行了探讨。研究认为：与普通等厚板相比，采用 TRB 不仅可以节约板材，而且能够取得更大的拉深深度。该研究将 TRB 应用于盒形件的拉深成形，研究成果能够为 TRB 深拉深件的制造提供工艺参考。Urban 等[64]、Kleiner 等[65, 66]、Krux 等[67]和 van Putten 等[68]分别对柔性轧制过程与高压钣金成形过程进行了有限元仿真。

结果表明：有限元仿真能够很好地描述柔性轧制以及高压钣金成形过程，将有限元模型与组合优化工具相结合来对整个工艺链及产品属性进行仿真和优化是完全可行的。

随着对 TRB 认识的深入，人们被 TRB 在轻量化方面具有的独特优势吸引，已经有越来越多的科研人员加入 TRB 的研究领域中来。

韩国汽车技术研究院的 Kim 等[69]通过 X 射线研究了 Al5J32-T4 变厚度铝板在轧制后的残余应力，观察了沿轧制方向的微观组织，并且比较了热处理前后变厚度铝板的残余应力，认为热处理能够提高变厚度铝板的成形性能。福特汽车公司的 Yang 等[70]将 TRB 应用于车辆前端的正面碰撞设计中，并采用高级优化技术以使 TRB 的应用能够取得最大效益，最后以圆形和矩形截面零件为例来证明 TRB 的巨大潜力。韩国材料科学研究所的 Kim 和 Lim[71]在不同温度以及不同压下率情况下，对铝镁合金 TRB 进行了退火处理并对微观组织和拉伸属性进行了评估，通过应变硬化指数、各向异性系数和杯突试验来研究板料的成形性能。结果表明：在 400℃下进行 60min 的退火，铝镁合金 TRB 具有更好的成形性能。Weinrich 等[72]将增量应力叠加方法应用于差厚板的自由弯曲并通过弯曲实验和数值模拟对弯曲成形过程进行了研究，研究结果表明：由于成形辊对成形零件的作用而产生了拉应力，从而获得了均一的应力分布状态以及均匀的弯曲角，并且减小了回弹。Chuang 等[73]将 TRB 制造技术与先进的多领域设计优化方法相结合来进行汽车结构的优化，运用考虑了多种碰撞模式、安全带牵引模型以及噪声震动的汽车装置来演示汽车底盘差厚板设计工艺。研究表明：优化结果不但能够满足车辆的性能要求，而且可以减轻车重。

最近几年，我国的学者也开始将关于 TRB 研究的重点放到其具体成形方法和加工特性上来。

上海交通大学的包向军[31]探讨了 TRB 的力学性能，在此基础上提出了一种简单易行的 TRB 有限元建模问题的处理方法，并以 V 型零件为例，通过实验和数值模拟对 TRB 在弯曲成形过程中的回弹特性进行了研究，找到了合理有效的 TRB 成形数值模拟方法来辅助 TRB 弯曲成形的模具和工艺设计。该研究解决了 TRB 在数值模拟过程中的材料参数问题，并且针对 V 型零件的回弹特性，建立了相应的回弹补偿机制，为 TRB 成形仿真分析以及回弹控制提供了思路。此后，国内更多的学者加入 TRB 成形的研究领域。

江苏大学的姜银方等[74-76]阐述了 TRB 在应用过程中存在的问题，通过数值模拟和正交优化方法优化了 TRB 的成形参数，并分别对 TRB 梁和等厚度梁冲压卸载后的回弹进行了数值模拟，给出了控制回弹的措施，能够为针对 TRB 的进一步研究提供借鉴并指明方向。此外，还通过有限元的方法建立了临界起皱压边力曲线和临界破裂压边力曲线，最终建立了压边力作用下的差厚板成形窗口[77]。严有琪等[78]分别对整块压边圈与分块压边圈作用下的 TRB 方盒形件进行了仿真研究，结果表明：分块压边圈可以提高变截面板方盒形件的成形深度，并获得更合理的应变路径以及更优的厚度分布。袁国定等[79]对比了 TRB 盒形件分别在整体压边圈恒压边力、变压边力情况下的成形深度、过渡区移动、应变路径等，得出渐增型压边力曲线是 TRB 盒形件成形最佳的压边力曲线的结论。研究成果对实际生产具有较好的指导作用。李艳华等[80,81]通过有限元分析技术对 TRB 的成形性能进行了研究。对 TRB 的单向拉伸过程进行了模拟，认为板厚比对 TRB 过渡区伸长率和移动量的影响远大于过渡区长度，实际成形中应选用较小的板厚比。此外，还对 TRB 矩形件成形的影响因素进行了探讨。结果表明，厚度过渡区的长度对矩形件成形的影响最大，过渡区的位置次之，厚度比的影响最小。该研究涉及 TRB 特征参数在其成形中的作用，研究结论对于优化 TRB 型面，进一步减轻成形零件的质量具有较好的借鉴作用。崔会杰等[82]通过仿真分析研究了压边力、板厚比、凹模圆角半径三个工艺参数对变截面板方盒形件厚度过渡区移动的影响，研究结果能够为生产实际提供借鉴。

重庆大学的贾朋举等[83,84]对 TRB 的成形过程进行了实验研究，对比分析了 TRB 与 TWB 的成形特性，认为厚度差的增大会导致 TRB 延伸率的降低，并且过大的厚度差会导致二次断裂现象在薄侧母材处出现，TRB 相对于 TWB 具有更好的成形性能和成形质量，研究成果能够为针对 TRB 的进一步研究提供参考。

东北大学的田野等[85,86]对 CR340 差厚板进行了硬度测试和拉伸试验，得到了不同工艺退火的差厚板不同厚度区域的力学性能，为退火工艺的确定提供参考。在此基础上，通过对 CR340 冷轧差厚板退火过程微观机理的分析和探究，确定了差厚板退火相关的工艺参数，实现了退火组织转变的可视化模拟，为今后开展更为深入的理论研究奠定基础。邓仁眩等[87]对差厚板进行了拉伸试验和仿真，并对试验参数与板厚的关系曲线进行分析，绘制了应力、应变与厚度的三维曲面，建立了相应的数学模型。结果表明，虽然差厚板不同区域的力学性能差异较大，差厚板单向拉伸试验与模拟的缩颈位置均在试样薄区。

大连理工大学的徐增密[88]使用连续变截面板对 B 柱外板进行了改进设计，针对 B 柱各区的厚度以及厚度过渡区的位置进行优化，获得了各区的最佳厚度以及过渡区的最佳位置，在保证耐撞性的前提下，实现 B 柱质量的减轻。高俊哲[89]研究了不同工艺参数对轧制差厚板方盒件冲压成形性能的影响，并且将等厚板、TWB 和 TRB 与刚性柱进行正面碰撞，通过对比三者的吸能、位移、速度和加速度时间曲线，认为 TRB 的吸能性和减重效果最好，其次是 TWB，等厚板最差。研究结果对采用 TRB 生产车身结构件及其推广应用具有一定的参考价值。霍孝波[90]利用有限元仿真手段对车门进行静刚度分析，分别用 TWB 和 TRB 对车门内板进行优化设计,获得了 TWB 各母板的最佳厚度和焊缝的最佳位置,以及 TRB 各区域的最佳厚度、过渡区的最佳位置和过渡区的最佳长度。研究结果表明:使用 TWB 和 TRB 对车门内板进行优化,都能够达到减轻车门质量的目的,使用 TRB 的减重效果比使用 TWB 效果更好。杨艳明[91]以变厚度圆管为研究对象,采用有限元方法对辊弯成形过程进行了研究,得出了变厚度圆管成形过程中等效应力、应变的变化及变形规律,并与等厚度圆管辊弯成形过程进行了对比。分析表明,变厚度板辊弯成形时,厚度过渡区往往存在应力集中,研究结论对变厚度圆管的实际生产有一定指导意义和参考价值。

华南理工大学的兰凤崇等[25]以某车型整车模型侧面碰撞仿真为基础,将连续变截面薄板用于车身 B 柱的简化模型中,利用响应面法对 B 柱外板进行优化研究。优化方案的结果表明了使用连续变截面薄板技术,可以使汽车的抗撞性能和轻量化水平得到明显的改善,同时为汽车零部件的轻量化设计提供一种可行的方法。李佳光[92]分析了差厚板汽车薄壁梁构件在弯曲工况和扭转工况下的静态力学性能以及在正碰条件与侧碰条件下的动态力学性能,为后期将变截面板材应用于实际的车身结构中提供基础参考。对差厚板进行了优化,得到提高了抗撞性的使用连续变截面板材的 B 柱内板尺寸参数最优解,为今后在汽车结构中更广泛地使用连续变截面板材提供一些可借鉴的经验。经研究证明,差厚板具有良好的抗撞性能,且满足汽车轻量化的要求,具有传统板材所不具备的优点。

奇瑞汽车的王艳青等[93]对 TRB 进行了金相组织观察、拉伸和硬度测试及分析,并对冲压工艺性进行了验证。结果表明,TRB 过渡区组织为铁素体加少量珠光体;过渡区的硬度随着厚度的增加(即轧制方向)而降低且呈线性变化;薄区的强度、硬度均高于厚区;用 TRB 冲压出的某车型前纵梁零件,其冲压性能良好。

上海交通大学的吴昊与宝钢研究院的杨兵等[94-97]针对变厚板的板厚及材料力学性能非均一性,采用数字散斑单向拉伸试验对变厚板等厚区和厚度过渡区的力学性能进行研究,提出了分区离散法对变厚板的成形过程进行数值模拟的方法,并通过实验进行了验证。研究结果表明,采用分区离散法对变厚板的材料模型进行表征的仿真结果与实验结果较为接近。此外,吴昊还对变厚板的成形极限曲线进行研究。提出了采用经验公式的离散处理方案和通过实验的拟合方案,两种方案均能够较好地描述变厚板零件的实际变形情况。

北京工业大学的余伟等[98]在成功采用四辊可逆式冷轧机进行单厚度过渡区 TRB 轧制之后,对轧制的 DP590 双相钢和 22MnB5 热成形钢 TRB 薄板进行模拟连续退火试验,利用光学显微镜和扫描电镜以及拉伸与硬度试验方法,分析了钢板退火后各厚度区的组织与力学性能差别。

哈尔滨工业大学的夏元峰[99]模拟了变厚度 U 型件的成形过程，分析了工艺参数和模具参数对成形件的应力应变分布、过渡区移动以及回弹的影响规律，得出了压边力是影响回弹和过渡区移动的最主要因素，对比分析了等厚度 U 型件和变厚度 U 型件在成形时的差别。在此基础上设计了变厚度汽车 B 柱模具，并用有限元软件进行了模具的强度校核。此外，他还对变厚度汽车 B 柱的成形过程进行了数值模拟，优化了 B 柱毛坯的形状，讨论了在不同压边力组合下成形件的应力应变分布和过渡区的移动情况，能够较好地指导实际生产[100]。李云等[101]运用数值模拟的方法研究了高强钢 B1500HS 变厚度类 U 型件的热冲压成形过程，分析了不同参数对材料移动量和板料厚向应变的影响规律和水平，在此基础上采用 Gleeble3500 热模拟试验机，获取了不同应变形式下高强钢 B1500HS 的应力-应变曲线，并通过插值的方法拟合不同参数下的材料性能曲线，建立了高强钢 TRB 材料本构关系模型。基于 Lemaitre 损伤理论，采用混合法对试验数据和数值模拟结果进行分析，建立了适用于高强钢 TRB 热成形的韧性断裂准则。研究结果对 TRB 热冲压成形过程参数优化以及实际零件的生产实践具有指导意义。

1.4 轧制差厚板研究中存在的主要问题

通过分析 TRB 的研究现状可以看出，目前国外学者虽然对 TRB 成形技术方面的研究已经开展得比较广泛，但是缺乏深入的系统性研究，尤其关于 TRB 成形理论方面的研究更是很少涉及。国内学者对 TRB 轧制工艺的研究尚不够成熟，而对 TRB 成形方面的研究则由于受实验原材料以及设备的限制，主要还是以仿真为主，缺少必要的实验验证，更加没有理论支撑。此外，从目前 TRB 的实际应用情况来看，TRB 主要用于汽车梁结构的制造，对于更为复杂的车身覆盖件则很少采用 TRB 来进行相关产品的生产。这一方面是由于梁结构比较简单，其成形过程更加容易控制，另一方面则反映出目前对于 TRB 成形技术的研究还不够系统和全面，缺少必要的理论以及工艺指导。这样就限制了 TRB 应用范围的进一步拓展，严重阻碍了 TRB 在汽车轻量化领域的应用进程。

具体来看，目前针对 TRB 成形技术的研究中尚存在以下关键问题亟待解决。

（1）差厚板材料参数问题。使用数值模拟技术进行 TRB 成形仿真，其困难主要来自于沿板料轧制方向上连续变化的截面形状和由此带来的非均一材料特性。显然，要想利用数值模拟技术得到合理的 TRB 计算结果，TRB 的非均一特性在 TRB 有限元建模过程中必须被考虑进去。因此，需要利用目前已有的有限元分析软件提供的功能，通过一些简单的处理，解决 TRB 材料非均一特性合理描述的问题，建立起 TRB 可靠有效的有限元模型，以便在成形分析过程中反映 TRB 真实的几何形状特性和材料特性。

（2）差厚板拉深成形性能评价问题。除了压边力等工艺参数以及板料尺寸等几何参数，过渡区的形状、尺寸、位置等 TRB 的特征参数也会对其拉深成形性能造成较大影响。此外，由于 TRB 结构的特殊性，TRB 在成形过程中的过渡区移动、起皱和破裂等缺陷的发生机理也都需要进一步的研究。实践证明，在设计初始阶段充分考虑工艺因素，对降低成本和缩短开发周期至关重要，有助于提高工艺和模具设计的成功率，所以成形性是连接 TRB 和车身的桥梁，探索可成形性评价策略是推广 TRB 应用的关键。

（3）差厚板弯曲回弹预测问题。TRB 由于沿轧制方向具有连续变化的变截面形状，所以其作为梁结构在承载方面具备得天独厚的优势。冲压成形制备的梁类部件不同于拉深件，控制其成形精度的主要困难是如何控制其在卸载后的回弹。但如何精确地计算给定工件可能产生的回弹，长期以来一直是传统的冲压成形设计方法很难解决的问题。而对于 TRB 来讲，由于其本身结构的特殊性，即沿轧制方向的厚度变化以及由此引起的材料力学性能的不均一性，将使差厚板回弹问题变得异常复杂，回弹分析、预测以及控制也更为困难。因此，十分有必要来研究 TRB 的回弹特性，掌握 TRB 回弹的机理，精确地控制和补偿回弹量，最终获得基于 TRB 材料的优质零部件。

1.5 本书的主要研究方法及研究内容

基于以上关键问题，针对 TRB 成形技术及成形特性进行系统而深入的研究，获取 TRB 材料参数，建立 TRB 成形理论，分析 TRB 成形性能，抑制 TRB 成形缺陷等工作势在必行。

1.5.1 研究方法

针对 TRB 成形进行研究，数值模拟技术是重要的研究手段之一。任何进行板料成形研究的科研人员都不会忽视以有限元技术为核心的数值模拟技术在本领域内的发展和应用。数值模拟技术从冲压成形过程的实际物理规律出发，借助计算机真实地反映模具与板料的相互作用关系及板料实际变形的全过程。可以通过数值模拟技术来观察板料实际变形过程中发生的任一特定现象，并计算与板料实际变形过程有关的任一特定几何量或物理量，如起皱、破裂、过渡区移动，优化工艺参数和板料几何参数等。因此，数值模拟技术可以为 TRB 冲压模具和冲压工艺设计提供强有力的支持。

另外，对于数值模拟技术来说，配套的实验技术和设备装置非常重要。其原因在于：有限元仿真所需的初始输入参数，如确定材料的弹塑性本构关系所需的应力应变曲线、各向异性系数、弹性模量等，必须通过实验来获取。不仅如此，有限元仿真分析的结果也必须和实验结果来比较，才能检验仿真的可靠性。因此，除了模拟手段，实验手段也是必不可少的。

此外，由于 TRB 板料厚度存在变化，其性能也不均一，基于传统的等厚板材所建立的力学模型、数值仿真模型及三维几何模型均已不再完全适用，需要针对 TRB 的具体变化特征来重新设计这些模型，并与实际情况进行比较以分析模型正确与否，最终依据新的正确模型来完成冲压模具的设计。虽然通过有限元分析及数值模拟等手段，可以大致摸索出 TRB 冲压成形和材料流动的规律，但缺少理论上的支持。因此十分有必要通过理论推导建立 TRB 在不同成形方法时所适用的数学模型。

1.5.2 研究内容

采用 TRB 进行汽车零部件的制造所带来的产品性能的提高以及零件重量的减轻都是传统的等厚度板以及 TWB 所不能及的，对其成形技术的研究具有非常好的实际意义和工程应用价值。然而，要将 TRB 广泛地应用于汽车零部件的制造，必须要掌握 TRB 的成形方法、成形特性以及成形工艺，以便抑制 TRB 成形缺陷的出现，最终获得高质量的 TRB 汽车零部件。

作者在认真学习和总结现有的国内外研究成果的基础上，通过大量有效可靠的实验，并结合数值模拟技术以及理论推导，对 TRB 的成形技术进行了系统而深入的研究。本书的主要研究工作和内容如下。

第 1 章阐述 TRB 出现的背景，给出差厚板的轧制生产工艺，比较 TRB 与 TWB 的优缺点，介绍目前差厚板在汽车领域的应用情况并给出几个在汽车上的典型应用实例，分析国内外在差厚板的轧制工艺方面和成形方面的研究现状，总结在差厚板研究领域目前存在的主要问题，进而提出本书的研究方法、研究意义和研究内容。

第 2 章探讨板料冲压理论及有限元仿真相关理论，总结板料成形有限元分析技术的发展历程和利用有限元技术计算板料冲压的重要技术问题，包括合适的求解方法、有限元单元类型以及各向异性准则等。给出了数值仿真算法的有限元控制方程，比较静力隐、显式算法以及动力显式算法各自的优缺点，讨论不同算法的适用范围。分别介绍 Barlat（1989）屈服准则和 Hill（1948）屈服准则的通式，推导它们的简化公式，分析 3 参数 Barlat（1989）屈服准则、Hill（1948）屈服准则以及 von Mises 屈服准则之间的关系，并探讨各种屈服准则的适用场合。从单元模拟变形的能力和对分析对象几何形状离散精度的角度出发，探讨块单元、壳单元和膜单元的性能，阐述薄膜单元、实体单元和壳单元各自的理论以及适用的分析领域。讨论汽车覆盖件冲压成形中的接触处理和摩擦力的计算,包括接触搜寻、接触力以及摩擦力的计算方法。

第 3 章通过解析、试验和模拟三种手段研究 TRB 的基本力学性能。采用双斜率退火工艺对差厚板进行退火处理,测试并比较未退火与已退火差厚板的硬度,分析硬度对差厚板成形性能的影响。建立差厚板单向拉伸力学解析模型,并且分别推导差厚板薄厚两侧的变形量计算公式。介绍影响板料冲压成形性能的基本力学性能参数,包括屈服强度、屈强比、伸长率、断面收缩率、应变硬化指数、各向异性系数,给出这些参数的定义,并分析它们与板料冲压成形性能的关系。采用牌号为 SPHC 的差厚板板材作为研究对象,通过单向拉伸试验间接研究差厚板的材料性能,并以单向拉伸试验数据为基础,采用 Lagrange 多项式插值方法构造差厚板的应力应变场,解决本章及后续章节有限元仿真中差厚板的材料参数问题,应用提出的差厚板建模方法建立差厚板单向拉伸的有限元模型,对差厚板的拉伸过程进行数值模拟。将解析、试验以及仿真结果进行对比,并通过微观组织对拉伸试验结果进行解释。

第 4 章主要研究 TRB 的拉深成形技术。阐述差厚板盒形件的拉深成形机理,分析差厚板盒形件的应力状态,总结差厚板拉深过程中的受力分布不均匀性、变形分布不均匀性以及变形速度不均匀性等成形特点。在此基础上,对 TRB 盒形件进行拉深成形仿真以及实验。探讨差厚板盒形件在成形过程中产生的起皱、破裂、过渡区移动等缺陷的机理,建立差厚板厚度过渡区移动解析模型。确定缺陷发生的位置,并给出缺陷问题的解决措施。对具有不同厚度差、不同板料尺寸的差厚板在退火前后的拉深极限进行对比,探讨退火工艺对于提高差厚板拉深成形性能的作用。以厚度减薄率、过渡区移动量和厚度应变为评价标准,分别讨论压边力类型、压边力值、板料厚度差、过渡区长度、过渡区位置、板料尺寸等因素对 TRB 盒形件拉深成形性能的影响。最后,给出改善差厚板盒形件拉深成形性能的途径。

第 5 章完成差厚板纵向弯曲成形技术的研究。探讨弯曲回弹机理,分析弯曲回弹过程中的力学问题,建立回弹量计算公式,阐述影响回弹数值仿真精度的因素,包括板料单元尺寸、虚拟凸模速度、厚向积分点数目、约束条件、材料模型及参数、计算控制参数等。在此基础上,进行差厚板 U 型件纵向弯曲成形以及回弹仿真,分析差厚板 U 型件成形后的厚度分布以及应力应变分布状态,对比已退火与未退火差厚板薄、厚两侧的回弹情况。给出 U 型件的回弹趋势及回弹量测量方法,并讨论压边力、凸凹模间隙、摩擦系数、材料性能、过渡区长度、板料厚度、板料尺寸以及过渡区位置等因素对差厚板 U 型件回弹的影响,并通过实验对仿真结果进行验证。最后,提出差厚板纵向弯曲回弹的控制方法。

第 6 章对 TRB 的横向弯曲成形特性进行研究，并且对成形过程中过渡区的移动问题进行探讨。通过成形回弹仿真分析差厚板 U 型件的厚度分布、回弹大小、过渡区移动量以及应力应变分布。分别讨论材料性能、板料尺寸、板料厚度及厚度差、过渡区长度及位置、压边力、凸凹模间隙、摩擦系数等因素对差厚板 U 型件回弹量以及过渡区移动的影响。采用仿真优化后的工艺参数进行实验，并将仿真结果与实验结果进行对比。最后，提出差厚板横向弯曲回弹及过渡区移动的控制方法。

第 7 章将差厚板应用于某车型 A 柱加强板的制造。介绍 A 柱加强板的特点，探讨 TRB 的应用对于实现零件轻量化的重要作用，分析退火工艺与加强肋对差厚板零件回弹和过渡区移动的影响，在满足零件工艺要求的前提下，抑制成形缺陷的发生，并取得比较理想的减重效果。

第 8 章总结全书的工作，并对未来工作提出展望。

第 2 章 轧制差厚板成形仿真的基本理论

2.1 有限元仿真的发展历程

2.1.1 成形仿真

板料成形有限元仿真技术的发展大致经历了以下几个阶段。

第一阶段：20 世纪 60 年代。"有限差分法"[102]是最早出现的有限元计算方法，它只能解决像空心球胀形等轴对称问题，在处理复杂边界条件问题时显得力不从心，因而未能得到广泛应用。

第二阶段：20 世纪 70 年代。相继出现了刚塑性、弹塑性有限元理论，采用基于薄膜单元理论的轴对称或二维分析方法，只能分析半球冲头或平底圆形冲头拉深等简单的问题[103-106]。1973 年，Mehta 和 Kobayashi[107]采用 Kobayashi 提出的刚塑性有限元法来分析冲压问题，第一次实现了冲压成形过程的有限元模拟。Wang 和 Budiansky[108]在 1978 年采用基于非线性薄膜壳单元的弹塑性大变形 TL 格式对具有不规则形状的零件进行了冲压成形分析，并首次考虑了成形过程中的接触和摩擦。

第三阶段：20 世纪 80 年代。有限元技术从薄膜单元发展到壳单元，从粗糙的接触处理发展到逐步精确的摩擦模型，从简单的轴对称胀形分析发展到三维零件的成形分析。动力显式算法被广泛采用，静态隐式增量法也得到了进一步发展，板料成形仿真技术开始步入真正的实际应用阶段。1981~1988 年，Tang[109, 110]对轿车行李箱和翼子板冲压过程的成功模拟首次将有限元仿真技术引入了汽车覆盖件制造领域。1985 年，Toh 和 Kobayashi[111]采用基于壳单元的刚塑性有限元法首次分析了方形盒的拉深过程，开创了有限元仿真在三维冲压成形领域应用的先河。

第四阶段：20 世纪 90 年代。随着板料成形 3D 数值模拟技术的日渐成熟，研究重点逐渐转移到复杂型面覆盖件的工艺分析上，研究的深度和广度也进一步增加。从 1991 年开始，国际上开始定期召开关于板料成形数值模拟的专门会议 NUMISHEET，会议上组织者会提出若干标准考题。除了 NUMISHEET 标准考题，国际上的权威研究组织又先后提出了 OSU（俄亥俄州立大学）标准考题、VDI（德国汽车学会）标准考题等。进入 20 世纪 90 年代中期以后，坯料尺寸和形状的优化设计、起皱和破裂等缺陷的模拟、复杂零件的多工序成形、压边控制、回弹的预测等实际应用中存在的问题成为人们关注的焦点[112-118]。

第五阶段：21世纪初至今。大量的有限元分析软件涌现出来，其中部分优秀软件已广泛应用于汽车领域。研究人员开始将模糊控制、并行处理、知识工程等技术引入板料成形仿真领域，进一步提高了成形模拟精度和计算效率。与此同时，"第二代虚拟冲压仿真"软件概念的提出为仿真技术指出了明确的发展方向[119]。

2.1.2 回弹仿真

板料成形缺陷预测如起皱、破裂等已经比较成熟，但回弹预测与实际应用尚有一段距离。表2.1列出了历年来与回弹相关的NUMISHEET考题。NUMISHEET 93、NUMISHEET 96、NUMISHEET 99分别以U型件、S型件、AUDI车门外板作为回弹数值模拟的标准考题；NUMISHEET 05、NUMISHEET 08以汽车覆盖件和横梁等复杂零件为例，继续对回弹预测精度进行深入的研究；而NUMISHEET 11则开始对高强钢的回弹问题进行研究；NUMISHEET 14则采用矩形件的拉延-反拉延回弹预测作为四个标准试题之一。

总的来看，在20世纪90年代之前，回弹的研究内容以2D弯曲件为主，而且研究方法主要采用解析法[120-130]；而90年代之后，回弹的研究重点转向3D复杂件，研究方法则以数值模拟为主[131-143]。

表2.1 与回弹相关的NUMISHEET历年考题

时间	会议名称	研究对象	研究内容
1993	NUMISHEET 93	U型件	回弹预测
1996	NUMISHEET 96	S型梁	回弹预测
1999	NUMISHEET 99	AUDI轿车前门外板	多步成形与回弹
2002	NUMISHEET 02	U型件	接触和回弹预测、补偿
2005	NUMISHEET 05	GM行李箱内板	多步成形与回弹
2008	NUMISHEET 08	S型梁	拉延筋形状对回弹的影响
2011	NUMISHEET 11	U型件	预应变对高强钢回弹的影响
		前端梁	高强钢破裂、起皱、回弹等问题的工艺参数优化
2014	NUMISHEET 14	矩形件	拉延-反拉延成形及回弹预测

2.2 数值仿真算法

2.2.1 有限元控制方程

利用虚功原理建立 UL 格式非线性大变形有限元控制方程：

$$M\ddot{u} + C\dot{u} + Ku = F - f \tag{2.1}$$

式中，u 为位移矢量；$\dot{u}$ 为速度矢量；$\ddot{u}$ 为加速度矢量；M 为质量矩阵；C 为阻尼矩阵；K 为总刚度矩阵；F 为外力矢量；f 为内力矢量。

2.2.2 静力算法

令 $f_i = Ku$，$f_e = F - f$，则式（2.1）变为

$$M\ddot{u} + C\dot{u} + f_i = f_e \tag{2.2}$$

静力算法认为对于每个时间步，冲压成形系统均保持平衡状态，速度和加速度的影响可以忽略。因此，t 和 $t+\Delta t$ 时刻的平衡方程：

$$f_i^t = f_e^t \tag{2.3}$$

$$f_i^{t+\Delta t} = f_e^{t+\Delta t} \tag{2.4}$$

以上两式相减，得到增量方程为

$$f_i^{t+\Delta t} - f_i^t = f_e^{t+\Delta t} - f_e^t = \Delta f_e \tag{2.5}$$

1. 静力显式算法

把 $f_i^{t+\Delta t}$ 在 u^t 附近进行 Taylor 展开且仅保留线性项，得

$$f_i^{t+\Delta t} - f_i^t \approx \frac{\partial f_i}{\partial u}\Big|_{u^t}(u^{t+\Delta t} - u^t) \tag{2.6}$$

令 $\frac{\partial f_i}{\partial u}\Big|_{u^t} = k(u^t)$，$\Delta u_1 = u^{t+\Delta t} - u^t$，则有

$$\Delta f_e = k(u^t)\Delta u_1 \tag{2.7}$$

从而得到求解方程为

$$\Delta u_1 = k^{-1}(u^t)\Delta f_e \tag{2.8}$$

$$u^{t+\Delta t} = u^t + \Delta u_1 \tag{2.9}$$

对于静力显式格式，为了保证解的收敛性，必须严格控制载荷步长 Δf_e 的大小。只要 Δf_e 足够小，即可得到较高精度的位移。

2. 静力隐式算法

当步长 Δf_e 较大时，记不平衡力为 ΔR，则

$$\Delta R = f_i(u^{t+\Delta t}) - f_i(u_1) \tag{2.10}$$

把 $f_i(u^{t+\Delta t})$ 在 u_1 附近进行 Taylor 展开且仅保留线性项，有

$$f_i(u^{t+\Delta t}) - f_i(u_1) \approx \frac{\partial f_i}{\partial u}\bigg|_{u_1}(u^{t+\Delta t} - u_1) \tag{2.11}$$

令 $\frac{\partial f_i}{\partial u}\bigg|_{u_1} = k(u_1)$，$\Delta u_2 = u^{t+\Delta t} - u_1$，存在：

$$\Delta u_2 = k^{-1}(u_1)\Delta R \tag{2.12}$$

$$u_2 = u_1 + \Delta u_2 \tag{2.13}$$

迭代求解，直到不平衡力 ΔR 足够小，得到的 u_2 即为 $t+\Delta t$ 时刻的 $u^{t+\Delta t}$。因此，ΔR 趋近于零是静力隐式算法的收敛判据。

2.2.3 动力显式算法

动力显式算法的中心差分格式为

$$\ddot{u}^t = \frac{1}{(\Delta t)^2}(u^{t-\Delta t} - 2u^t + u^{t+\Delta t}) \tag{2.14}$$

$$\dot{u}^t = \frac{1}{2\Delta t}(u^{t+\Delta t} - u^{t-\Delta t}) \tag{2.15}$$

则式（2.1）可表示为

$$u^{t+\Delta t} = \left[\Delta t^2(F-f) + (2M - K\Delta t^2)u^t - \left(M - \frac{\Delta t}{2}C\right)u^{t-\Delta t}\right] \Big/ \left(M + \frac{\Delta t}{2}C\right) \quad (2.16)$$

在 $u^{t-\Delta t}$ 和 u^t 已经求得的情况下，$t+\Delta t$ 时刻的位移 $u^{t+\Delta t}$ 可由式（2.16）解出。

由式（2.16）可以知道，对于动力显式算法而言，当前时刻位移可以直接计算得到，无须迭代和求解方程组，计算问题得到简化。然而，由于每个增量步内无须迭代，不存在增量步结束后的平衡条件检查，因此动力显式算法是条件稳定的。这就要求数值模拟时间步长小于临界时间步长 Δt_{cr}，即需要满足：

$$\Delta t \leqslant \Delta t_{cr} = K_1 \frac{l}{c} \quad (2.17)$$

式中，K_1 为比例系数（通常取 0.9）；l 为最小单元尺寸；c 为材料音速，$c = \sqrt{E/[(1-\gamma^2)\rho]}$。其中，$E$ 为弹性模量，γ 为泊松比，ρ 为密度。通过式（2.17）计算出板料冲压成形问题的 Δt_{cr} 通常为 $10^{-7} \sim 10^{-6}$ s。

式（2.18）是求解所需时间步数的计算公式：

$$n \approx \left(\frac{S}{v} + 0.002\right) \Big/ 10^{-7} \quad (2.18)$$

式中，n 为时间步数；S 为冲压行程；v 为虚拟冲压速度。

静力隐式算法在每一步内都要构造并计算刚度矩阵，而且在每一步内都要进行多次迭代，因而计算时间较长。静力显式算法无须每一增量步内都进行迭代，避免了收敛问题，但是其计算时间并没有明显缩减。动力显式算法不需要构造及计算刚度矩阵，也不必迭代，效率较高，而且不存在不收敛的风险。但是动力显式算法本身是条件稳定的，而且它把冲压成形问题处理成动力过程，解的精度可能会有所降低。

尽管存在一些弊端，但是动力显式算法的优势在处理汽车覆盖件的冲压成形问题时表现得非常突出，而且对于大多数冲压成形问题来说，动力显式算法能够获得理想的结果。然而，由于回弹过程属于静力问题的范畴，如果采用动力显式算法来模拟回弹将产生很大误差，这时就需要用隐式算法来进行求解。因此，对于冲压成形回弹问题，采用显式、隐式相结合的方法（即板料成形过程采用动力显式算法模拟，而板料回弹过程采用静力隐式算法模拟）是最为理想的[144-146]，既运用了动力显式算法计算成形问题效率高、易收敛的特点，又发挥了静力隐式算法求解回弹过程稳定性好、精度高的优势，实现了显式、隐式算法的优势互补。

2.3 屈服准则

2.3.1 Hill（1948）屈服准则

$$F(\sigma_y - \sigma_z)^2 + G(\sigma_z - \sigma_x)^2 + H(\sigma_x - \sigma_y)^2 + 2L\tau_{yz} + 2M\tau_{zx} + 2N\tau_{xy} = 1 \quad (2.19)$$

式（2.19）为 Hill（1948）屈服准则[147]的一般形式，如果 A_1、A_2、A_3 为单向拉伸屈服应力，B_{12}、B_{23}、B_{31} 为剪切屈服应力，则常数 F、G、H、L、M、N 可以表示为

$$\begin{cases} 2F = \dfrac{1}{A_2^2} + \dfrac{1}{A_3^2} - \dfrac{1}{A_1^2} \\ 2G = \dfrac{1}{A_3^2} + \dfrac{1}{A_1^2} - \dfrac{1}{A_2^2} \\ 2H = \dfrac{1}{A_1^2} + \dfrac{1}{A_2^2} - \dfrac{1}{A_3^2} \\ 2L = \dfrac{1}{B_{23}^2} \quad 2M = \dfrac{1}{B_{31}^2} \quad 2N = \dfrac{1}{B_{12}^2} \end{cases} \quad (2.20)$$

对于各向同性材料有

$$A_1 = A_2 = A_3 = A \quad \text{（单向拉伸屈服强度）}$$

$$B_{12} = B_{23} = B_{31} = A/\sqrt{3} \quad \text{（剪切屈服强度）} \quad (2.21)$$

则 Hill（1948）屈服准则简化为各向同性弹塑性材料的 von Mises 屈服准则：

$$\frac{1}{2}(\sigma_x - \sigma_y)^2 + \frac{1}{2}(\sigma_y - \sigma_z)^2 + \frac{1}{2}(\sigma_z - \sigma_x)^2 + 3(\tau_{xy}^2 + \tau_{yz}^2 + \tau_{zx}^2) = A \quad (2.22)$$

在某些薄板成形分析中，若认为板材为面内各向同性，只存在厚度方向的各向异性，那么：

$$2F = 2G = \frac{1}{A_3^2}, \quad 2H = \frac{2}{A^2} - \frac{1}{A_3^2}, \quad N = \frac{2}{A^2} - \frac{1}{2}\frac{1}{A_3^2} \quad (2.23)$$

令 $K = \dfrac{A}{A_3}$，则屈服条件 $F(\sigma) = A$ 可写为

$$F(\sigma) = \sqrt{\sigma_x^2 + \sigma_y^2 + K^2\sigma_z^2 - K^2\sigma_z(\sigma_x + \sigma_y) + (K^2 - 2)\sigma_x\sigma_y + 2LA^2(\tau_{yz}^2 + \tau_{zx}^2) + (4 - K^2)\tau_{xy}^2} \quad (2.24)$$

由于薄板满足平面应力条件,定义厚向异性系数 R 为 $R = \dfrac{\varepsilon_y}{\varepsilon_z}$,那么 $R = \dfrac{2}{K^2} - 1$,则 Hill(1948)屈服准则成为

$$F(\sigma) = \sqrt{\sigma_x^2 + \sigma_y^2 - \frac{2R}{1+R}\sigma_x\sigma_y + \frac{2+4R}{1+R}\tau_{xy}^2} = A \quad (2.25)$$

写成主应力形式为

$$F(\sigma) = \sqrt{\frac{R}{1+R}|\sigma_1 - \sigma_2|^2 + \frac{1}{1+R}|\sigma_2 - \sigma_3|^2 + \frac{1}{1+R}|\sigma_3 - \sigma_1|^2} = A \quad (2.26)$$

2.3.2　3 参数 Barlat(1989)屈服准则

$$\varphi = a|K_1 + K_2|^m + a|K_1 - K_2|^m + c|2K_2|^m = 2\bar{\sigma}^m \quad (2.27)$$

式(2.27)为平面应力状态下的各向异性屈服准则通式[148],$\bar{\sigma}$ 为等效应力,a 和 c 为厚向异性材料常数,m 为 Barlat 指数。Barlat 从结晶塑性力学的角度指出:对于面心立方晶格(fcc)材料,Barlat 指数 m 取 8;而对于体心立方晶格(bcc)材料,Barlat 建议 $m = 6$。$K_1 = \dfrac{\sigma_x + h\sigma_y}{2}$,$K_2 = \sqrt{\left(\dfrac{\sigma_x - h\sigma_y}{2}\right)^2 + p^2\tau_{xy}^2}$,其中 h 和 p 也为厚向异性材料参数。

以上各参数均可由 3 个不同方向的塑性应变比 R_0、R_{45}、R_{90} 得到:

$$a = 2 - 2\sqrt{\frac{R_0}{R_0 + 1}\frac{R_{90}}{R_{90} + 1}}, \quad c = 2 - a, \quad h = \sqrt{\frac{R_0}{R_0 + 1}\frac{R_{90} + 1}{R_{90}}} \quad (2.28)$$

根据 Barlat 与 Lian 各向异性参数的定义可知,对于与轧制方向成 α 角的情况,各向异性参数 R_α 可表示为

$$R_\alpha = \frac{2m\sigma_y^m}{\left(\dfrac{\partial \varphi}{\partial \sigma_x} + \dfrac{\partial \varphi}{\partial \sigma_y}\right)\sigma_\alpha} - 1 \quad (2.29)$$

式中，σ_α 为板料与轧制方向成 α 角时材料的单轴拉伸屈服强度。取 $\alpha = 45°$，则 R_{45}、σ_y、$\sigma_\alpha = \sigma_{45}$ 均已知，令 $F(p) = 2m\sigma_y^m \Big/ \left[\left(\dfrac{\partial \varphi}{\partial \sigma_x} + \dfrac{\partial \varphi}{\partial \sigma_y}\right)\sigma_\alpha\right] - 1 - R_{45}$。利用迭代方法，求取使 $F(p) = 0$ 时的 p 即可。

当材料为面内各向同性时，a、c、h、p 等参数可以表示为

$$a = \frac{2}{1+r}, \quad c = \frac{2r}{1+r}, \quad h = p = 1 \tag{2.30}$$

此时该模型化为面内各向同性非平方类屈服函数；当 $m = 2$ 时该准则变为 Hill（1948）屈服准则；再假设 $R = 1$，则转化为 von Mises 屈服准则。

对 von Mises 屈服准则、Hill（1948）屈服准则及 3 参数 Barlat（1989）屈服准则在冲压成形领域的应用进行比较，结果表明[149]：

（1）当厚向异性系数 r 较小时，采用 3 参数 Barlat（1989）屈服准则的分析结果最理想，采用 von Mises 屈服准则的误差还要小于 Hill（1948）屈服准则。

（2）对拉伸（胀形）而言，面内各向异性 Δr 对应变分布的影响极小，可以认为 $\Delta r = 0$，采用简化的 Barlat（1989）屈服准则就可以获得较好的结果。

（3）对深冲（压延）而言，当厚向异性系数 r 较小时，采用全量 Barlat（1989）屈服准则比应用简化的 Barlat（1989）屈服准则效果好。可以认为 $\Delta r = 0$ 时，Barlat（1989）屈服准则优于 Hill（1948）屈服准则和 von Mises 屈服准则，而 von Mises 屈服准则还要优于 Hill（1948）屈服准则。

（4）当厚向异性系数 r 较大时（大于 1），无论采用 Hill（1948）屈服准则，还是采用 3 参数 Barlat（1989）屈服准则，都能获得较好的结果，且全量 Barlat（1989）屈服准则最优，简化的 Barlat（1989）屈服准则次之，Hill（1948）屈服准则再次之，von Mises 屈服准则最差。

由以上分析可以看出，无论对于哪种情况，3 参数 Barlat（1989）屈服准则都是最理想的选择。

2.4 单元类型

常用于有限元仿真的单元类型有三种：基于薄膜理论的薄膜单元、基于连续介质理论的实体单元和基于板壳理论的壳单元。

1. 薄膜单元

薄膜单元格式简单、对计算机性能要求低。但是薄膜单元不考虑弯曲、扭

转和剪切效应，仅考虑沿厚度方向均匀分布且与中面平行的内应力，并且认为应变沿厚度方向上的也是均匀分布的，因而不适合分析具有弯曲效应的成形过程[150, 151]，而且只能分析二维问题。

2. 实体单元

实体单元考虑了弯曲、扭转和剪切效应，而且具有比薄膜单元更简洁的格式，因此在弯曲、拉深、胀形等成形过程的分析中得到了广泛的应用。然而，实体单元在进行复杂三维问题的分析时，显得效率较低[152, 153]。因此，除非板料厚度较大而必须采用实体单元，对于复杂零件的成形分析通常不用实体单元。

3. 壳单元

壳单元既考虑了弯曲和剪切效应，又具有较高的计算效率，而且它能够解决三维问题，因此得到了广泛的应用。

通常，壳单元被分成两类：一类是基于经典 Kirchhoff 板壳理论的壳单元；另一类是基于 Mindlin 理论的壳单元。Kirchhoff 壳单元通常需要构造复杂的插值函数，格式烦琐、效率低下，因而在冲压成形仿真中应用较少。Mindlin 壳单元将构造复杂插值函数问题简化为构造简单插值函数问题，效率得以提高，因此被广泛采用[154]。

近些年，多种基于 Mindlin 理论的壳单元被开发出来，以满足冲压仿真分析的需要，比较常用的单元有 Huhges-Liu（HL）薄壳单元、Belytschko-Tsay（BT）壳单元和全阶积分 Belytschko-Tsay 膜单元。

HL 薄壳单元能够适应复杂的变形，计算精度较高，但是单元格式烦琐、效率较低；BT 壳单元改进了 HL 薄壳单元的单元格式，采用单点积分，使得计算过程简化，具有很高的计算效率和精度，成为目前显式有限元分析中最有效的单元[155]，用 BT 壳单元来建立冲压成形中板料的有限元模型是非常适合的；全阶积分 Belytschko-Tsay 膜单元采用四点积分，避免了沙漏变形，用于回弹模拟时比 BT 壳单元多耗时 30%左右，但精度要高于 BT 壳单元，因此成为隐式算法在有限元分析中最常用的单元，在回弹分析中得到了广泛的应用[156]。

2.5 接触处理及摩擦力计算

1. 接触搜寻

板料的冲压成形主要依靠模具作用于板料的法向接触力和切向摩擦力来完成。在计算接触力和摩擦力之前，首先要找出给定时刻的实际接触点或者接触面，即接触搜寻问题。针对板材成形过程中模具变形小、板料变形大的特点，在进行接触搜寻时，只需考虑模具与工件的接触以及工件间不同部位的接触，而不必考虑模具与模具的接触。在进行接触搜寻时，相关节点坐标及其接触力都已更新，接触搜寻就是要在此前提下找出新状态下的所有接触点（面）及相应的被接触点（面）的位置。

接触搜寻算法主要有主从面法、一体化法、级域法等。

2. 接触力计算

接触力的算法主要有两种：拉格朗日乘子法和罚函数法。

拉格朗日乘子法将接触力考虑为附加自由度，其泛函形式既包含了通常的能量部分，又包含了拉格朗日乘子项：

$$\Pi(u,\lambda) = 0.5u^{\mathrm{T}}Ku - u^{\mathrm{T}}F + \lambda^{\mathrm{T}}D \tag{2.31}$$

式中，u 为节点位移向量；λ 为拉格朗日乘子向量；K 为刚度矩阵；F 为节点力向量；$D = (Qu + {}^0D)$ 为接触点的穿透量向量。

对能量泛函式变分，建立有限元方程：

$$\begin{bmatrix} K & Q^{\mathrm{T}} \\ Q & 0 \end{bmatrix} \begin{bmatrix} u \\ \lambda \end{bmatrix} = \begin{bmatrix} F \\ -D \end{bmatrix} \tag{2.32}$$

节点位移和拉格朗日乘子均可以通过求解式（2.32）得到，拉格朗日乘子的分量即接触点处的法向接触力，拉格朗日乘子法常用于隐式算法。

罚函数法是目前求解接触力最常用的方法，其原理如下：每一步都要检查接触点与接触块的相对位置，如果接触点没有穿透接触块则不做任何处理；如果发生穿透，则在接触点与对应接触块之间引入法向接触力，其大小与其穿透量成正比。它的物理意义相当于在接触点与接触块之间加入一根弹簧来限制穿透，接触力由以下公式计算：

$$f_n = -\alpha\delta \tag{2.33}$$

式中，f_n 为法向接触力；α 为罚因子；δ 为接触点的法向穿透量；负号表示接触力与穿透方向相反。罚因子过小会影响计算精度，过大会降低计算的稳定性，其计算公式如下。

若接触块为实体单元：

$$\alpha = \frac{f_s K A^2}{V} \tag{2.34}$$

若接触块为壳单元：

$$\alpha = \frac{f_s K A}{\max(sd)} \tag{2.35}$$

式中，f_s 为罚参数比例因子，默认值为 0.1；K 为体积模量；A、V 为单元的面积、体积；sd 为壳单元的对角线长度。

罚函数法计算简单，容易与显式算法相容，并且几乎可以在任何情形下进行模拟计算。但是罚函数法也有缺点，板料与模具之间存在一定程度的穿透，会降低应力的计算精度，罚参数的选择也需要谨慎，既要保证穿透量足够小，又要确保求解稳定性不受影响。

总的来说，静态隐式算法一般采用拉格朗日乘子法，而罚函数法通常用于动力显式算法。拉格朗日乘子法中的乘子会引起未知量增多，计算效率不高。罚函数法允许接触点适量地穿透工具表面，接触约束条件得以近似满足。罚函数法既考虑了接触力，又不增加系统的自由度，计算效率较高，因此得到广泛应用[157]。

3. 摩擦力计算

Chappuis 等[158]认为，在板料成形分析中速度方向的变化问题是经典的库仑摩擦定律无法解决的，需要采用修正的库仑摩擦定律来确定切向摩擦力。修正的库仑摩擦定律是在库仑摩擦定律基础上发展起来的，用等效弹簧来替代摩擦力的作用。在汽车冲压件的成形分析中，摩擦力通常要采用非经典摩擦定律来进行计算。

对于动力显式算法，不仅法向接触力的计算与罚函数法有关，切向摩擦力的计算也与罚函数法密切相关。首先进行接触搜寻，若发现有穿透，则通过式（2.33）计算出法向接触力，然后再应用修正的库仑摩擦定律便可以求出切向摩擦力。

2.6 本章小结

本章回顾了板料冲压成形及回弹有限元仿真的发展历程，给出了数值仿真算法的有限元控制方程，比较了静力隐式、显式算法以及动力显式算法各自的优缺点，讨论了不同算法的适用范围。分别介绍了 3 参数 Barlat（1989）屈服准则和 Hill（1948）屈服准则的通式，推导了它们的简化公式，分析了 3 参数 Barlat（1989）屈服准则、Hill（1948）屈服准则以及 von Mises 屈服准则之间的关系，并探讨了各种屈服准则的适用场合。阐述了薄膜单元、实体单元和壳单元各自的理论以及适用的分析领域。讨论了汽车覆盖件冲压成形中的接触处理和摩擦力的计算，包括接触搜寻、接触力以及摩擦力的计算方法。本章为后面章节数值仿真工作的顺利开展奠定了理论基础。

第 3 章 轧制差厚板基本力学性能研究

为了研究 TRB 的成形性能，必须首先掌握 TRB 的基本力学性能。在实际的冲压件生产中，零件的形状会对板料的成形性能产生重要影响，而材料的基本力学性能则是零件质量的决定性因素。TRB 沿轧制方向上存在厚度的变化，其性能不同于普通的等厚板，需要深入研究。

3.1 退火处理

TRB 是等厚度板经过轧制成形而获得的，轧制完成后 TRB 内部会产生残余应力，而且加工硬化作用使 TRB 的整体硬度和强度增大，塑性降低，这些均会导致 TRB 的成形性能下降[69]。因此本书考虑对 TRB 进行退火处理，希望可以达到消除残余应力，提高 TRB 成形性能的目的。

1. 试验材料

本书所用板料均为东北大学轧制技术及连轧自动化国家重点实验室生产的牌号为 SPHC 的轧制差厚板，其化学成分如表 3.1 所示。目前该实验室已可生产出最大板厚比 1∶2.5、最小过渡区长度 20mm、最大材料强度 700MPa 的各种规格差厚板。

表 3.1　SPHC 的化学成分（质量分数）　　　（单位：%）

牌号	C	Si	Mn	S	P
SPHC	0.083	0.041	0.316	0.012	0.017

2. 退火装置

退火所用试验装置为 SX_2-12-10 箱式电阻炉，额定功率 12kW，最高加热温度 1000℃，如图 3.1 所示。

图 3.1 电阻加热炉

3. 退火方案

采用双斜率退火工艺对部分 SPHC 轧制差厚板样件进行退火处理。首先将试样以 180℃/h 的加热速度升温至预回复温度 540℃进行保温处理,然后以 30℃/h 的加热速度升温至再结晶温度 700℃保温 10h 后,随炉冷却至 100℃出炉空冷,其工艺路线如图 3.2 所示[159]。采用具有台阶的双斜率退火工艺的主要目的是促进再结晶过程中形成更多的核心,从而获得更加细小的晶粒,提高产品的冲压性能。

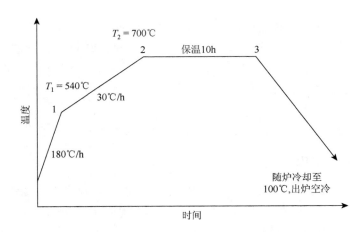

图 3.2 双斜率退火工艺

3.2 硬 度 测 试

材料局部抵抗硬物压入其表面的能力称为硬度,硬度可以表示金属材料的软硬程度,并且会对 TRB 的成形性能产生影响。通常 TRB 的硬度过高,其塑性和韧性就会降低,进而导致成形性能变差。TRB 由于经过轧制,其薄侧和厚侧的硬度存在差异,过渡区的硬度也存在变化,因此有必要通过试验来进行研究。本书的硬度试验完全按照国家标准 GB/T 4340—2009 来执行[160]。

3.2.1 方案设计

1. 布氏硬度(HB)

以一定的载荷 F(一般为 3000kgf)把一定大小(直径 D 一般为 10mm)的淬硬钢球压入材料表面,持续规定的时间后卸载,负荷与其压痕面积之比值,即为布氏硬度(HB),单位为 MPa。

$$HB = \frac{2F}{\pi D(D - \sqrt{D^2 - d^2})} \tag{3.1}$$

式中,d 为压痕直径,mm。

布氏硬度的优点:所用的钢球直径较大,在金属材料表面上留下的压痕也较大,故测得的硬度值比较准确,测量误差小且数据稳定,重现性好,精度高于洛氏硬度,低于维氏硬度。

布氏硬度的缺点:成品检验有困难,试验过程比洛氏硬度复杂,测量操作和压痕测量都比较费时,并且由于压痕边缘的凸起、凹陷或圆滑过渡都会使压痕直径的测量产生较大误差,因此要求操作者具有熟练的试验技术和丰富经验,一般要求由专门的实验员操作。由于压痕较大,不能用于太薄件、成品件及比压头还硬的材料。

适于测量硬度不高的退火、正火、调质钢、铸铁及有色金属的硬度。

2. 洛氏硬度(HR)

当被测样品过小或者布氏硬度(HB)大于 450 时,就应改用洛氏硬度计量。试验方法是用一个顶角为 120°的金刚石圆锥体或直径为 1.59mm/3.18mm 的钢球,初始压力均为 98.07N(10kgf),在一定载荷下压入被测材料表面,由压痕深度求出材料的硬度,即为洛氏硬度(HR)。

$$HR = \frac{k-h}{0.002} \quad (3.2)$$

式中，k 为常数，对应于金刚石圆锥压头 $k=0.20\text{mm}$，对应于钢球压头 $k=0.26\text{mm}$；h 为塑性变形压痕深度。

根据试验材料硬度的不同，分三种不同的标度来表示。

HRA 是采用 60kg 载荷和钻石锥压入器求得的硬度，用于硬度极高的材料，如硬质合金、表淬层和渗碳层。

HRB 是采用 100kg 载荷和直径 1.588mm 淬硬的钢球求得的硬度，用于硬度较低的材料，如铸铁、有色金属和退火、正火钢等。

HRC 是采用 150kg 载荷和钻石锥压入器求得的硬度，用于硬度较高的材料，如调质钢、淬火钢等。

洛氏硬度的优点：操作简便，压痕小，适用范围广。

洛氏硬度的缺点：测量结果分散度大。

洛氏硬度计适用于对成批加工的成品或半成品工件进行逐件检测，该试验方法对测量操作的要求不高，非专业人员容易掌握。可测试各种黑色和有色金属，测试淬火钢、回火钢、退火钢、表面硬化钢、各种厚度的板材、硬质合金材料、粉末冶金材料、热喷涂层的硬度。

3. 维氏硬度（HV）

按照维氏硬度的规定，维氏硬度试验是采用夹角为 136° 的金刚石正四棱锥形压头，在一定载荷 F 的作用下，压头被压入试样金属表面，保压一定时间后，卸除试验力 F，试样表面上会被压出菱形的压痕，通过测量菱形两对角线 d_1 与 d_2 的长度，算出 d_1 和 d_2 的平均值，并用 d_1 和 d_2 的平均值 d 来计算菱形压痕凹面的面积 S，F/S 的数值就是所测得的维氏硬度，用 HV 来表示。

维氏硬度计算公式为

$$HV = 1.8544 F/d^2 \quad (3.3)$$

根据载荷范围不同，规定了三种测定方法，即维氏硬度试验、小负荷维氏硬度试验、显微维氏硬度试验。

维氏硬度保留了布氏硬度和洛氏硬度的优点。维氏硬度试验的压痕是正方形，轮廓清晰，对角线测量准确，因此，维氏硬度试验是常用硬度试验方法中精度最高的，同时它的重复性也很好，这一点比布氏硬度试验优越。维氏硬度试验测量范围宽广，可以测量目前工业上所用到的几乎全部金属材料，从很软的材料（几个维氏硬度单位）到很硬的材料（3000 个维氏硬度单位）都可测量。维氏硬度试验最大的优点在于其硬度值与试验力的大小无关,只要是硬度均匀的材料,可以任意选择试验力,其硬度值不变。这就相当于在一个很宽广的硬度范围内具有一个统一的标尺,这一点又比洛氏硬度试验优越。

维氏硬度试验的缺点:维氏硬度试验效率低,要求较高的试验技术,对于试样表面的光洁度要求较高,通常需要制作专门的试样,操作麻烦费时,通常只在实验室中使用。

维氏硬度试验的试验力可以小到 10g,压痕非常小,特别适合测试薄小材料。显微维氏硬度试验还用于极小或极薄零件的测试,零件厚度可薄至 3μm。

3.2.2 测试结果

根据表 3.1 可以知道,差厚板材料的含碳量仅为 0.083%,属于低碳钢,其硬度并不很高。因此,综合以上对于各种硬度指标的分析,为了获得较高的硬度测量精度以及较好的重复性,本书采用维氏硬度指标来表征差厚板的硬度,以达到减少试验组数,提高试验效率的目的。

试验采用 MHV-1000 型维氏硬度计,根据显微硬度测试参数的选择标准,试验力 $F = 9.8$N,保压时间 15s。以过渡区中心为起点,分别向薄、厚两侧每隔 5mm 取一点,共取 9 个硬度测试点。其中测试点 1、2 位于板料薄侧,测试点 3 位于薄侧和过渡区的交界处,测试点 4、5、6 位于过渡区,测试点 7 位于厚侧和过渡区的交界处,测试点 8、9 位于板料厚侧。对未退火和已退火 TRB 的硬度测试结果如表 3.2 和表 3.3 所示。

表 3.2 未退火差厚板硬度值

板料位置	薄侧		过渡区					厚侧	
测试点	1	2	3	4	5	6	7	8	9
硬度值(HV)	100.9	100.4	100.6	96.84	92.1	87.2	81.7	81.6	81.5

表 3.3 已退火差厚板硬度值

板料位置	薄侧		过渡区					厚侧	
测试点	1	2	3	4	5	6	7	8	9
硬度值(HV)	78.3	77.5	78.1	77.7	77.9	75.4	71.6	71.2	71.9

由表 3.2 可以看出,对于未退火 TRB 而言,薄侧的硬度大于厚侧,过渡区的

硬度从厚侧到薄侧逐渐增大。主要原因在于 TRB 薄侧以及过渡区在轧制过程中的压下率大，加工硬化作用使得薄侧以及过渡区的硬度大于厚侧。而且由于过渡区从厚侧过渡到薄侧，其压下率逐渐增大，硬化作用越来越显著，硬度也逐渐增大。

由表 3.3 可以看出，对于已退火 TRB 而言，整个板料的硬度相差不大。这是因为退火处理消除了加工硬化作用的影响，并使得 TRB 内部晶粒得到细化，组织更为平衡，因而硬度降低。

3.3 轧制差厚板单向拉伸过程的力学解析

3.3.1 力学解析模型

图 3.3 所示为 TRB 单向拉伸的力学解析模型。根据 TRB 在单向拉伸过程中的平衡关系以及变形过程中板料各部分宽度相等，并结合幂指数材料本构关系 $\sigma = K\varepsilon^n$ 可以得到下面的等式：

$$F_1 = F_2 = F_3 \tag{3.4}$$

$$\sigma_1 A_1 = \sigma_2 A_2 = \sigma_3 A_3 \tag{3.5}$$

$$\sigma_1 t_1 = \sigma_2 t_2 = \sigma_3 t_3 \tag{3.6}$$

$$K_1 \varepsilon_1^{n_1} t_1 = K_2 \varepsilon_2^{n_2} t_2 = K_3 \varepsilon_3^{n_3} t_3 \tag{3.7}$$

$$\varepsilon_i = \ln(L_i' / L_i) \tag{3.8}$$

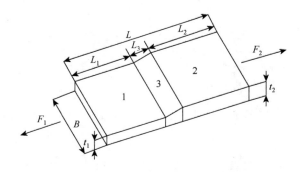

图 3.3 TRB 单向拉伸力学解析模型

式中，F_i 为拉伸力；σ_i 为应力；K_i 为强化系数；ε_i 为真实应变；n_i 为硬化指

数;t_i 为板料厚度;L_i 为板料的初始长度;L_i' 为板料变形后的长度;A_i 为垂直于拉伸方向的板料截面面积。其中,下标 $i=1,2,3$,分别代表板料的薄侧、厚侧和过渡区。

由式(3.6)可知,TRB 单向拉伸时,薄厚两侧板料的应力比与板厚比成反比,即两侧厚度相差越大,薄侧的应力也就比厚侧大得越多,进而在薄侧产生应力集中,加速了缩颈现象的发生。

当差厚板经过退火处理后,如果近似认为 $K_1=K_2=K_3=K$,$n_1=n_2=n_3=n$,那么由式(3.7)可以导出:

$$\frac{\varepsilon_1}{\varepsilon_2}=\exp\left(\frac{1}{n}\ln\frac{t_2}{t_1}\right) \tag{3.9}$$

式(3.9)表明:随着板厚比的增大,薄侧应变与厚侧应变的比值不断增大,这将可能导致薄侧提早发生破裂。

3.3.2 变形量计算公式

由前面的分析可知,通常情况下,对于差厚板单拉试件而言,缩颈总发生在薄板侧。由应变的定义 $\varepsilon=\ln\frac{L'}{L}=\ln\left(1+\frac{\Delta L}{L}\right)$ 和幂指数材料本构关系 $\sigma=K\varepsilon^n$,可以得到差厚板单向拉伸缩颈时薄板侧的变形量 ΔL_1 的计算公式为

$$\sigma_b\left(1+\frac{\Delta L_1}{L_1}\right)=K_1\left[\ln\left(1+\frac{\Delta L_1}{L_1}\right)\right]^{n_1} \tag{3.10}$$

根据式(3.5)以及体积不变原则,当薄板侧应力增大至缩颈应力 σ_b 时,厚板侧应力为

$$\sigma_2=\frac{\sigma_b A_1'}{A_2'}=\frac{\sigma_b \frac{A_1 L_1}{L_1'}}{\frac{A_2 L_2}{L_2'}}=\frac{\sigma_b \frac{B t_1 L_1}{L_1'}}{\frac{B t_2 L_2}{L_2'}}=\sigma_b \frac{t_1}{t_2}\frac{L_1}{L_2}\frac{L_2'}{L_1'} \tag{3.11}$$

再由 $\sigma=K\varepsilon^n$,便可以得到差厚板单向拉伸缩颈时厚板侧的变形量 ΔL_2 的计算公式为

$$\sigma_b\left(1+\frac{\Delta L_2}{L_2}\right)\frac{t_1}{t_2}\frac{L_1}{L_2}\frac{\Delta L_2+L_2}{\Delta L_1+L_1}=K_2\left[\ln\left(1+\frac{\Delta L_2}{L_2}\right)\right]^{n_2} \tag{3.12}$$

式中,σ_b 为薄侧板料缩颈时的应力;ΔL_i 为板料变形量($i=1,2$);A_i' 为板料变形后的截面积($i=1,2$)。

因此，在差厚板薄厚两侧材料参数和薄板侧缩颈应力已知的情况下，可先由式（3.10）求出差厚板薄侧的变形量，再将薄侧变形量的数值代入式（3.12），进而求得厚侧的变形量。

3.4 单向拉伸试验

单向拉伸试验作为一种简单实用的材料性能测试方法被广泛用于评估材料的基本力学性能和成形性能。通过试验可以获得材料在静载荷作用下的应力应变关系以及材料的基本力学性能参数，这些性能指标既是材料的工程应用和科学研究等方面的计算依据，也是材料的评定和选用以及加工工艺选择的主要依据[161]。

3.4.1 影响板料冲压成形的力学性能参数

板料的力学性能参数与冲压性能密切相关。通常，板料的刚性参数值大，成形时不易发生起皱；塑性参数值大，成形时不易出现破裂；强度参数值大，成形时不易产生变形。

然而，材料参数与板材成形性能的关系很难用定量的解析表达式来表示，也很难通过一两个参数表达出来，通常采用试验方法来评定材料参数与板料成形性能之间的关系。通过试验能够测量出屈服强度、抗拉强度等强度特性以及伸长率、断面收缩率等塑性特性。

1. 屈服强度、抗拉强度及屈强比

板料的屈服强度 σ_s 是弹性变形和塑性变形的分界点。σ_s 值小，表明板料容易发生塑性变形。进行压缩类变形时，σ_s 值小的板料容易发生形变而不易出现起皱。而由于弯曲回弹量与屈服强度成正比，所以 σ_s 值小的板料弯曲成形后产生的回弹也较小。

抗拉强度 σ_b 表示薄板材料在单向拉伸条件下所能承受的最大应力值，是设计与选材的主要依据，σ_b 越大冲压成形时零件危险断面的承载能力越高，其变形程度越大，在材料与成形性能有关的其他指标大致相同时，σ_b 越大，材料的综合成形性能越好。

屈强比 σ_s/σ_b 也可作为衡量板料冲压成形性能的间接指标，小的屈强比几乎对所有的冲压成形都是有利的，但是材料的利用率降低。屈强比小说明 σ_s 小而 σ_b

大,即容易产生塑性变形而不易产生拉裂,塑性变形空间较大,成形性能好。此外,σ_s/σ_b 对压缩类变形中的拉深变形有着重大影响,当 σ_s/σ_b 较小时,变形区的材料易于发生形变而不易起皱,传力区的材料具有较高的抗拉强度而不易开裂,有利于提高拉伸变形程度。

本试验对屈服强度以及抗拉强度的测定采用 WDW-3100 型电子万能试验机上自带的软件进行自动获取。

2. 伸长率及断面收缩率

1) 伸长率

通常,将试件拉断时的伸长率称为总伸长率(简称伸长率),而将试件开始产生缩颈时的伸长率称为均匀伸长率。均匀伸长率 δ 值大,表示板料产生均匀变形的能力强,这正符合大多数冲压成形工艺的要求。因此,常用 δ 值来衡量板料伸长类变形中的冲压性能。

$$\delta = \frac{l - l_0}{l_0} \times 100\% \tag{3.13}$$

式中,l_0,l 分别为拉伸前、拉伸后试件的标距长度。

2) 断面收缩率

断面收缩率 ψ 也能够反映出板料均匀塑性变形的能力,并且该值能够直接显示出变形过程中板料的断面变化情况。

$$\psi = \frac{A_0 - A}{A_0} \times 100\% \tag{3.14}$$

式中,A_0,A 分别为拉伸前、拉伸后试件的横截面面积。

本试验采用手工测量的方法分别获得试样变形前和变形后的标距长度以及横截面面积,然后分别代入式(3.13)和式(3.14)进而求得伸长率和断面收缩率。

3. 弹性模量

材料在弹性变形范围内的应力与应变的比值称为弹性模量 E,可表示为

$$E = \frac{\sigma}{\varepsilon} \tag{3.15}$$

弹性模量 E 是指材料在外力作用下产生单位弹性变形所需要的应力,它是反映材料抵抗弹性变形能力的指标,相当于普通弹簧中的刚度。弹性模量 E 能够表征材料发生弹性变形的难易程度。E 越大,材料产生一定量的弹性变形所需要的

应力也越大,即越不容易发生弹性变形,即在一定应力作用下,发生弹性变形越小。反之则越容易发生弹性变形。

本试验对弹性模量的测定采用 WDW-3100 型电子万能试验机上自带的软件进行自动获取。

4. 应变硬化指数

利用幂指数函数 $\sigma = K\varepsilon^n$ 近似表示材料的本构关系时,n 称为应变硬化指数,表示材料在塑性变形过程中的硬化程度。在相同的变形程度下,n 值大的板材变形所需的应力也大,即材料硬化现象严重。从变形过程中板料的受力情况来看,n 值较大时,拉伸失稳点延迟出现,因而伸长类零件能够获得较大的极限变形。而且大的硬化指数可以使塑性变形更加均匀,减轻板料的局部变薄现象,避免局部裂纹的过早出现。对于汽车覆盖件成形,当板料局部变形较大而导致变形分布不均时,板料 n 值的作用更为显著。因此,通常认为 n 值大的材料冲压成形性能好。

为了获取 n 值,将材料的幂指数本构关系 $\sigma = K\varepsilon^n$ 转换为对数方程:

$$\ln\sigma = \ln K + n\ln\varepsilon \tag{3.16}$$

在双对数坐标平面上的直线斜率即应变硬化指数:

$$n = \tan\alpha \tag{3.17}$$

试样在均匀塑性变形范围内以规定的恒定速率轴向拉伸变形,用整个均匀塑性变形范围的应力-应变曲线,或用均匀塑性变形范围的应力-应变曲线的一部分计算拉伸应变硬化指数 n。当在整个均匀塑性变形范围内测定 n 值时,测量应变的上限应稍小于最大力所对应的应变;其下限应稍大于屈服应变(不明显屈服材料)或屈服点伸长终点时的应变(明显屈服材料)。当弹性应变部分小于总应变的 10%时,不需要将其扣除。

通常,板料轧制后的纤维走向很明显,导致板料在各个方向上的 n 值差异很大,这时可以采用加权平均应变硬化指数 $\bar{n}$ 来表示板料的硬化指数:

$$\bar{n} = \frac{n_0 + 2n_{45} + n_{90}}{4} \tag{3.18}$$

式中,n_0,n_{45},n_{90} 分别为与板料轧制方向平行、成 45°角及垂直的板料厚向异性系数。

本试验对应变硬化指数 n 的测定采用 WDW-3100 型电子万能试验机自带的软件进行自动获取。

5. 应变强化系数

应变强化系数 K 作为幂指数本构模型 $\sigma = K\varepsilon^n$ 中的另一重要参数，不但是板料刚度或强度的衡量指标，而且与金属板料的成形性能之间存在直接关联。由幂指数本构模型可以推导得到应变强化系数 K 关于应变硬化指数 n、应力 σ、应变 ε 的表达式为

$$K = \frac{\sigma}{\varepsilon^n} \tag{3.19}$$

当对应工况为单向拉伸失稳点时，K 的表达式可改写为[162]

$$K = \frac{\sigma_b}{\left(\dfrac{n}{e}\right)^n} \tag{3.20}$$

在 n 或 σ_b 任一参数固定的情况下，K 均随另外一个参数增大而增大。对于评价板料成形性能的参数 n 来说，n 越大，板料成形能力越好，此时 K 也随之增大。这说明 K 的增大也能反映板料成形能力在增强，且该参数对板料成形能力评价的规律性与应变硬化指数 n 一致。

当已求得抗拉强度 σ_b 和应变硬化指数 n 后，代入式（3.20）便可求得应变强化系数 K。

6. 各向异性系数

由于板料在轧制时会出现纤维组织，板料的塑性会因方向的不同而产生差异，这种现象称为塑性各向异性，它可以分为厚向异性和面内各向异性。

1）厚向异性系数

厚向异性系数也称为塑性应变比，用 r 表示：

$$r = \frac{\varepsilon_b}{\varepsilon_t} = \frac{\ln(b/b_0)}{\ln(t/t_0)} = \frac{\ln(b/b_0)}{\ln(b_0 l_0 / bl)} \tag{3.21}$$

式中，ε_b，ε_t 分别为宽度、厚度方向的应变；b_0，b 分别为变形前、变形后的板料宽度；t_0，t 分别为变形前、变形后的板料厚度；l_0，l 分别为变形前、变形后的板料长度。

厚向异性系数表示板料在厚度方向上的变形能力，r 大表示板料不易在厚度方向上产生变形，即不易出现变薄或者增厚。r 对压缩类变形的拉深影响较大，当 r 较大时，板料易于在宽度方向变形，不易起皱，而板料受拉处厚度不易变薄，不易出现破裂，极限拉深深度增加。因此，r 大的板料拉深成形性能好。

多数板料轧制后的纤维走向很明显,导致板料在各个方向上的r差异很大。为了概括性地评价板料的各向异性性能,采用平均厚向异性系数$\bar{r}$来表示板料的厚向异性系数:

$$\bar{r} = \frac{r_0 + 2r_{45} + r_{90}}{4} \quad (3.22)$$

式中,r_0,r_{45},r_{90}分别为与板料轧制方向平行、成45°角及垂直的板料厚向异性系数。

2)面内各向异性系数

板料的面内各向异性系数Δr的表达式为

$$\Delta r = \frac{r_0 + r_{90} - 2r_{45}}{2} \quad (3.23)$$

拉深中在零件端部出现不平整的凸耳现象就是材料面内各向异性的集中体现,凸耳的出现不但浪费材料,而且要增加一道修边工序。

由于测量长度的变化比测量厚度的变化容易,在单轴拉伸力作用下,将试样拉伸到均匀塑性变形阶段,当达到规定的工程应变水平时,测量试样标距长度和宽度的变化,并利用根据塑性变形前后体积不变原理导出的式(3.21)即可计算得到厚向异性系数r。测量通常在试验力下进行,但仲裁试验应在卸力情况下进行。

计算的r应标明试样相对于轧制方向的取向及应变水平,若无其他规定,一般采用15%或20%的工程应变水平,本试验采用20%的工程应变水平。加力至规定的应变水平,r的工程应变水平应大于屈服应变或屈服点伸长终点所对应的应变,小于最大力所对应的应变。

本试验采用手工测量,以测量原始标距长度和宽度同样的方式和误差测量变形后的试样标距l和宽度b,再通过式(3.21)来获取r。

3.4.2 拉伸试验准备

1. 试验设备及试验条件

本书所用的拉伸试样均采用线切割机床制备,拉伸试验在WDW-3100型电子万能试验机上进行,如图3.4所示。引伸计型号为YSJ50/25-ZC,标距为50mm,最大量程为25mm。试验完全按照GB/T 228—2010《金属材料 室温拉伸试验方法》[163]来执行,环境温度为20℃,相对湿度为32%,拉伸速度为2mm/min。

图 3.4 WDW-3100 型电子万能试验机

2. 拉伸试样

在同一张轧制差厚板的 0°、45°、90°三个方向切取 1.2mm 薄板、2.0mm 厚板的拉伸试样,并在 0°方向上切取 1.2mm/2.0mm 差厚板拉伸试样,每个方向上至少取三个试样。由于目前国际上还没有明确规定 TRB 的单向拉伸试样形状,本章试验均采用 ASTM 标准[164],拉伸试样的尺寸如图 3.5 所示,图 3.6 给出了等厚板拉伸试样和 TRB 拉伸试样。

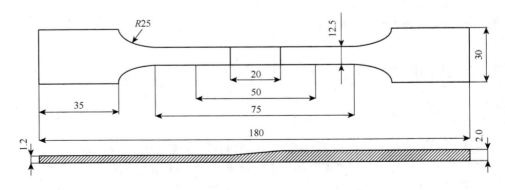

图 3.5 TRB 拉伸试样尺寸/mm

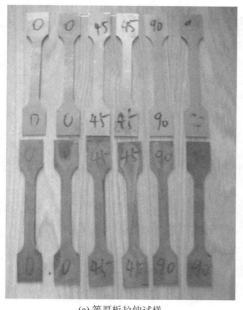
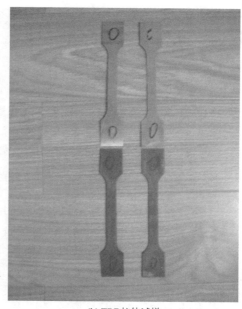

(a) 等厚板拉伸试样　　　　　　　　　(b) TRB拉伸试样

图 3.6　拉伸试样

3.4.3　拉伸试验结果

通过单向拉伸试验得到的未退火和已退火差厚板薄、厚两侧的性能参数如表 3.4 和表 3.5 所示[165]。由表 3.4 和表 3.5 可以看出：退火后薄板和厚板的屈服强度 σ_s 以及抗拉强度 σ_b 均减小，而弹性模量 E、硬化指数 n、厚向异性系数 r 均有所增大，这对于获得良好的冲压成形性能是有利的。

表 3.4　未退火差厚板的性能参数

板料厚度 t/mm	弹性模量 E/GPa	屈服强度 σ_s/MPa	抗拉强度 σ_b/MPa	硬化指数 n	厚向异性系数 r	强化系数 K/MPa	最大延伸率 δ/%
1.2	179	209.6	300.9	0.24	1.56	533.9	35.2
2.0	195	209.4	271.7	0.22	1.09	459.8	38.2

表 3.5　已退火差厚板的性能参数

板料厚度 t/mm	弹性模量 E/GPa	屈服强度 σ_s/MPa	抗拉强度 σ_b/MPa	硬化指数 n	厚向异性系数 r	强化系数 K/MPa	最大延伸率 δ/%
1.2	186	170.7	237.5	0.27	1.98	443	42.5
2.0	196	179.5	264.9	0.24	1.50	472.5	45.2

分别将表3.4和表3.5中试验所得未退火与已退火板料的相关力学性能参数代入式（3.7），可得到式（3.24）和式（3.25）：

$$\varepsilon_{1未退火} = 1.392(\varepsilon_{2未退火})^{0.917} \tag{3.24}$$

$$\varepsilon_{1已退火} = 1.550(\varepsilon_{2已退火})^{0.923} \tag{3.25}$$

由式（3.24）和式（3.25）可知，对于未退火和已退火的 TRB 拉伸试样，薄侧的应变均大于厚侧，变形将会更多地集中于薄侧进行，这将导致薄侧更早发生破裂。

将试验所得的相关参数以及试样的尺寸代入式（3.10）和式（3.12）可以分别求出薄厚两侧的变形量，并将其与试验所得的变形量进行对比，结果如表 3.6 所示。可以看出，解析值与试验值具有比较高的吻合度，这也证明了本书所推导的差厚板薄厚两侧不均匀变形量公式的正确性[166]。另外，无论是否经过退火，TRB 拉伸试样薄侧的变形量远大于厚侧，变形主要集中于薄侧，这与对式（3.24）和式（3.25）的讨论结果是一致的。

表3.6 差厚板变形量的解析值与试验值对比

差厚板组成部分	差厚板变形量/mm			
	未退火		已退火	
	解析值	试验值	解析值	试验值
薄侧	10.65	11.21	12.27	14.66
厚侧	0.225	0.423	0.158	0.349

图 3.7 为试验所得 TRB 薄侧和厚侧的真实应力-应变曲线。由图 3.7 可以看出，退火对 TRB 厚侧的应力影响不大，但是其极限拉伸长度增加；而 TRB 薄侧在经过退火后其应力值大大降低，伸长率增大。原因在于退火能够释放 TRB 薄侧在轧制过程中产生的残余应力，降低了整块 TRB 的强度而提高了其塑性。

试验完成后的未退火与已退火 TRB 试样如图 3.8 所示。可以看出，退火后的板料与退火前相比延伸率有了一定的提高，缩颈失效均是发生在差厚板薄侧，这也符合前面对式（3.10）、式（3.12）、式（3.24）和式（3.25）的讨论。

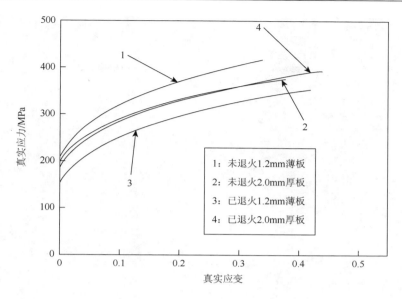

图 3.7 真实应力-应变曲线

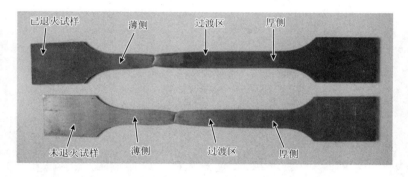

图 3.8 试验后未退火与已退火 TRB 试样对比

3.4.4 试验结果的微观解释

沿轧制方向切取未退火和已退火的 TRB 金相试样，依次经过镶嵌、粗磨、精磨、抛光，最后用 4%硝酸乙醇浸蚀。磨制试样所用仪器为 PG-2B 型金相试样抛光机，抛盘直径为 220mm，转速为 650r/min，如图 3.9 所示。组织观测采用 LW-200-4CS 型号的倒置式金相显微镜，如图 3.10 所示。在金相显微镜下观察到的显微组织如图 3.11 和图 3.12 所示。

图 3.9 PG-2B 型金相试样抛光机

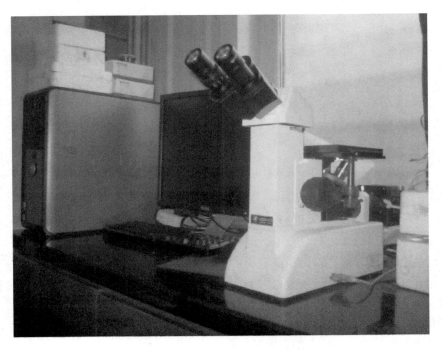

图 3.10 LW-200-4CS 的倒置式金相显微镜

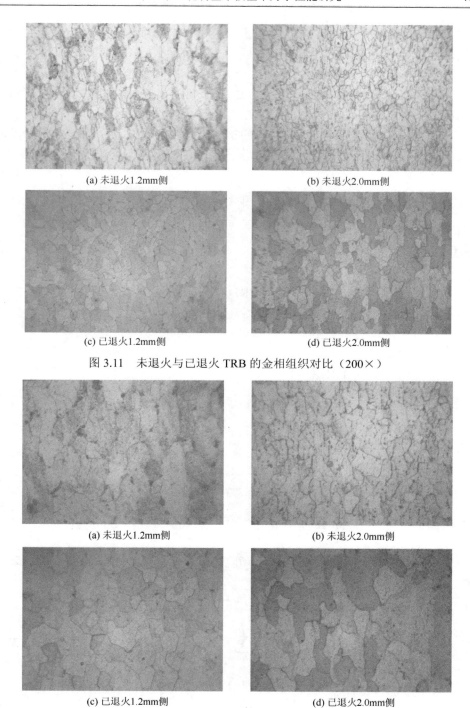

(a) 未退火1.2mm侧　　(b) 未退火2.0mm侧

(c) 已退火1.2mm侧　　(d) 已退火2.0mm侧

图 3.11　未退火与已退火 TRB 的金相组织对比（200×）

(a) 未退火1.2mm侧　　(b) 未退火2.0mm侧

(c) 已退火1.2mm侧　　(d) 已退火2.0mm侧

图 3.12　未退火与已退火 TRB 的金相组织对比（400×）

由图 3.11 和图 3.12 可以看出，对于未退火的 TRB 而言，1.2mm 薄板由于经过轧制，块状铁素体晶粒沿轧制方向被拉长，部分组织呈纤维状，晶粒大小不均匀，因而 TRB 的强度增大而塑性降低。

由图 3.11 和图 3.12 还可以看出，退火后 TRB 的薄、厚两侧基本上都是大小均匀的等轴晶粒和饼形晶粒，TRB 的强度下降而塑性增强。有个别的大晶粒产生，说明晶粒已经开始长大，晶粒的饼形度增大，这是获得良好成形性能的必要条件[167]。

3.5 轧制差厚板应力应变场的构造及单向拉伸仿真

3.5.1 应力应变场的构造

本章通过单向拉伸试验得到了 TRB 等厚侧的性能参数（表 3.4、表 3.5、图 3.7），但是 TRB 过渡区的材料参数还无法知道，这里就考虑采用插值的办法来解决过渡区的材料参数问题。以已有 1.2mm 和 2.0mm 等厚度基板的试验数据为基础，采用 Lagrange 多项式插值方法来构造应力应变场，为后续章节的数值模拟提供可靠的 TRB 材料力学性能参数。

1. Lagrange 多项式插值法

Lagrange 插值多项式可以表示为

$$p_n(x) = \sum_{i=0}^{n} a_i l_i(x) \tag{3.26}$$

由插值原则与 Lagrange 基函数的性质可以得到

$$p_n(x_i) = f(x_i) = \sum_{j=0}^{n} a_j l_j(x_j) = a_i, \quad i,j = 0,1,\cdots,n \tag{3.27}$$

因此，可以将 Lagrange 插值多项式直接写为

$$p_n(x) = \sum_{i=0}^{n} f(x_i) l_i(x) \tag{3.28}$$

2. Lagrange 基函数

若 $[a,b]$ 上 $n+1$ 个基点 $x_0, x_1, \cdots, x_n$ 互异，令

$$l_i(x) = \frac{(x-x_0)(x-x_1)\cdots(x-x_{i-1})(x-x_{i+1})\cdots(x-x_n)}{(x_i-x_0)(x_i-x_1)\cdots(x_i-x_{i-1})(x_i-x_{i+1})\cdots(x_i-x_n)}, \quad i,j=0,1,\cdots,n \quad (3.29)$$

$l_i(x)$ 是一个 n 次多项式,具有下面的性质:

$$l_i(x_j) = \delta_{ij} = \begin{cases} 1, & i=j \\ 0, & i \neq j \end{cases}, \quad i,j=0,1,\cdots,n \quad (3.30)$$

$l_0(x), l_1(x), \cdots, l_n(x)$ 是一个线性无关组,称 $l_0(x), l_1(x), \cdots, l_n(x)$ 为关于基点 $x_0, x_1, \cdots, x_n$ 的 Lagrange 基函数。

应用上述的 Lagrange 多项式插值方法,对表 3.4 和表 3.5 中的数据以及图 3.7 的应力-应变曲线进行插值,得到图 3.13 中的未退火和已退火 TRB 的应力-应变场。后面章节数值模拟所需的材料参数,均可由图 3.13 得到。

对于 TRB 的等厚侧,可以直接与表 3.4 和表 3.5 中的参数以及图 3.7 的应力-应变曲线相对应。而对于 TRB 的厚度过渡区,可以借鉴有限单元法的思想,将其离散为有限个相互结合的等厚板,然后再将等厚度板组合起来进行整个过渡区的求解计算,如图 3.14 所示。这些等厚板划分得越细,组合体的性能就越接近 TRB 的厚度过渡区。因此,通过图 3.13 所构造的应力应变场便可以获得 TRB 过渡区各种厚度的力学性能参数,再应用有限元的方法,整个差厚板在数值模拟过程中的建模问题便得到了解决。

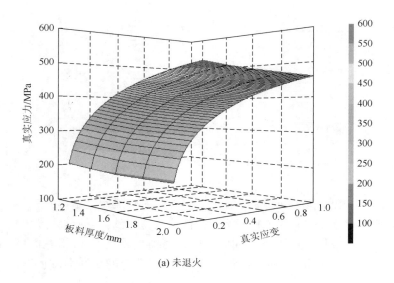

(a) 未退火

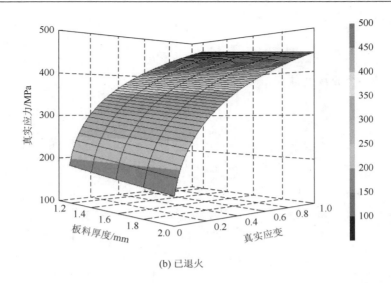

(b) 已退火

图 3.13　TRB 真实应力-应变场

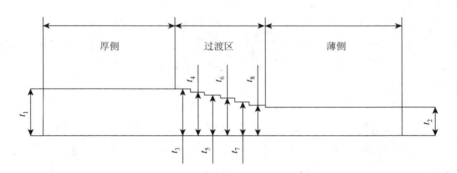

图 3.14　TRB 过渡区的离散

3.5.2　单向拉伸仿真

1. 仿真设置

图 3.15 为 1.2mm/2.0mmTRB 单向拉伸仿真的有限元模型，网格采用八节点实体单元来进行划分，并将 3.5.1 节所获得的应力-应变场中的材料参数赋给对应厚度的单元，材料服从 von Mises 屈服准则、幂指数硬化方式。仿真过程中，约束试样薄侧夹持端的所有自由度，而将拉伸试验所获得的拉伸力施加于试样的厚侧夹持端。

图 3.15 差厚板单向拉伸仿真有限元模型

2. 仿真结果

未退火和已退火的 1.2mm/2.0mm TRB 单向拉伸试样在不同拉伸阶段时的等效应变分布如图 3.16 和图 3.17 所示。

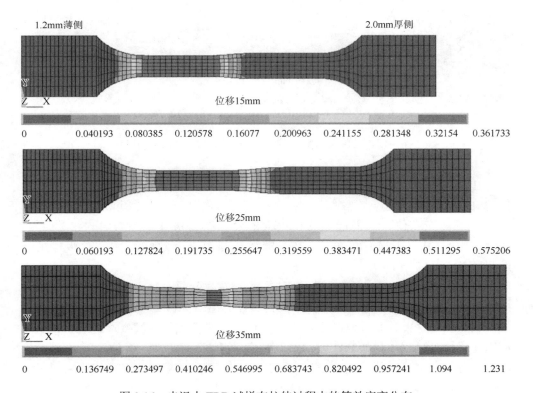

图 3.16 未退火 TRB 试样在拉伸过程中的等效应变分布

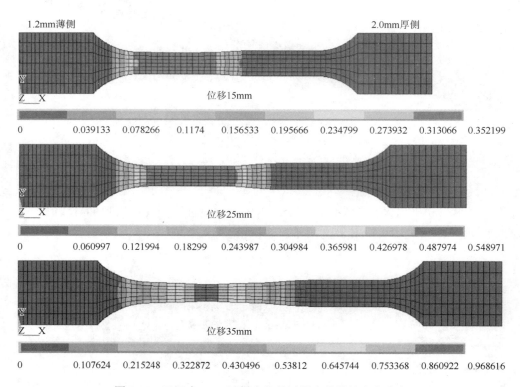

图 3.17　已退火 TRB 试样在拉伸过程中的等效应变分布

由图 3.16 和图 3.17 可知，未退火与已退火 TRB 单向拉伸试样的变形均集中在薄侧进行，直至缩颈失效。在相同位移的情况下，经过退火的试样有更小的等效应变值，因而能够获得更大的延伸率。仿真结果与对式（3.10）、式（3.12）、式（3.24）和式（3.25）的讨论结果是一致的，并且能够与试验结果相吻合。

图 3.18 为 TRB 单向拉伸试验与仿真的位移-载荷曲线对比。由图 3.18 可以看出已退火 TRB 获得了更大的延伸率，仿真计算出的位移-载荷曲线与试验实测曲线在缩颈出现之前均是非常吻合的，然而仿真发生缩颈的时间要远远晚于试验。原因在于试验过程中材料会在缩颈出现的部位很快发生断裂，而仿真所用的应力-应变曲线是通过对试验数据的插值而得到的，缩颈后的应力-应变曲线则采用了外插值的方法获得。

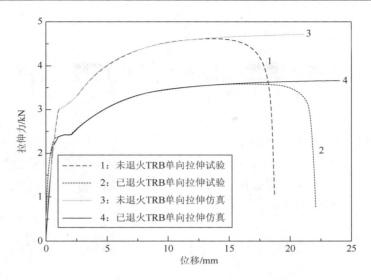

图 3.18　TRB 单向拉伸试验与仿真的位移-载荷曲线对比

3.6　本章小结

本章采用双斜率退火工艺对 TRB 进行了退火处理，测试并比较了未退火与已退火 TRB 的硬度，分析了硬度对 TRB 成形性能的影响。建立了 TRB 单向拉伸力学解析模型，并且分别推导了 TRB 薄厚两侧的变形量计算公式。介绍了影响板料冲压成形性能的基本力学性能参数，包括屈服强度、屈强比、伸长率、断面收缩率、弹性模量、应变硬化指数、应变强化系数、各向异性系数，给出了这些参数的定义，并分析了它们与板料冲压成形性能的关系。通过单向拉伸试验研究了 TRB 的基本力学性能，并以单向拉伸试验数据为基础，采用 Lagrange 多项式插值方法构造了 TRB 的应力应变场，解决了本章及后续章节有限元仿真中 TRB 的材料参数问题。应用提出的 TRB 建模方法建立了 TRB 单向拉伸的有限元模型，对 TRB 的拉伸过程进行了数值模拟。将解析、试验以及仿真结果做了对比，并通过微观组织对拉伸试验结果进行了解释。研究得到以下结论。

（1）未退火 TRB 薄侧的硬度大于厚侧，过渡区的硬度随着厚度的增大而减小；退火后 TRB 的硬度降低，且整块板料的硬度相差不大。

（2）已退火 TRB 的强度降低、塑性增强，单向拉伸试样的伸长率增大；无论对于已退火还是未退火的 TRB，拉伸试样薄侧的应变均大于厚侧，变形会集中于薄侧进行，并且最终在薄侧发生缩颈。

（3）解析、试验、仿真三者的高度吻合证明了 TRB 单向拉伸力学解析模型以及变形量公式的正确性。

第 4 章　轧制差厚板拉深成形技术研究

盒形件是一种常见的拉深件，几何形状规则，应用也较为广泛。它属于非轴对称零件中具有代表性而又较难成形的一类零件。将轧制差厚板应用到盒形件后，其薄厚两侧的不均匀变形将会使整个零件的成形变得更加困难。因此，研究差厚板盒形件的拉深成形技术是非常必要的。

4.1　轧制差厚板盒形件拉深成形机理及特点

4.1.1　成形机理

为了研究盒形件的成形机理，首先要探讨盒形件尤其是其法兰变形区的变形特点。苏联学者考虑将盒形件的圆角区和直边区分别按照拉深变形与弯曲变形处理[168]，然而这套处理方法的实践结果并不理想。日本学者认为：由于法兰直边区和圆角区材料流动速度的不同，盒形件会产生剪切变形[169]。中国学者通过研究发现：盒形件的法兰直边区会产生切向收缩以及径向伸长，而且直边区和圆角区材料流动速度的差异又会诱发剪应力，正是这两方面的原因导致了盒形件成形极限大于圆筒形件[170]。还有中国学者认为：法兰变形区内直边区对圆角区的变形具有带动作用[171]。对于轧制差厚板盒形件，除了圆角区与直边区的变形机理不同，薄、厚板侧厚度的不一致也会导致材料流动速度的差异以及应力应变分布的不均，继而导致其成形机理比普通盒形件更为复杂。

4.1.2　应力状态

差厚板盒形件成形时的应力状态如图 4.1 所示。在差厚板盒形件对角线 II' 和 CC'、对称轴线 AA' 和 KK' 以及过渡区中心 FF' 上都是径向受拉、切向受压的应力状态。直边区（$AA'B'B$、$JJ'K'K$ 和 $EE'H'H$ 部分）所产生的拉深变形小于圆角部分（$BCDD'C'B'$ 和 $HIJJ'I'H'$），因而会产生剪切应力。薄侧（$GG'K'K$ 部分）比厚侧（$AA'E'E$ 部分）的应力更大，过渡区（$EE'G'G$ 部分）的应力随着板料厚度的变化而变化。此外，拉、压应力均是在薄侧圆角中部最大，厚侧直边中部最小。因此，破裂、起皱等缺陷最常发生的部位是薄侧圆角，其次是厚侧圆角，直边部分一般不会产生破裂、起皱现象。

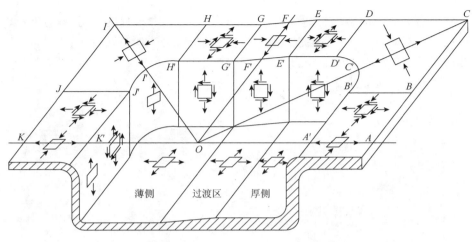

图 4.1 轧制差厚板盒形件成形时的应力状态

4.1.3 变形特点

不均匀性是差厚板盒形件拉深成形时的最大特点,具体表现如下。

(1)变形速度的不均匀性。差厚板盒形件直边部分材料的流动速度大于圆角部分材料的流动速度,薄板侧材料的流动速度大于厚板侧材料的流动速度,如图 4.2 所示(左侧厚板,右侧薄板)。

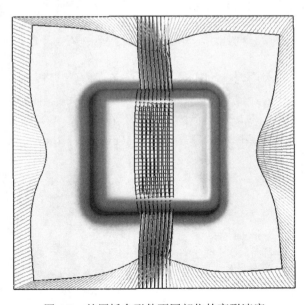

图 4.2 差厚板盒形件不同部位的变形速度

（2）应力分布的不均匀性。图 4.3 给出了差厚板盒形件的应力分布情况（左侧厚板，右侧薄板）。在法兰变形区，圆角部分的应力大于直边部分；在直壁和底部非变形区，圆角与直边部分的应力也不相同；薄厚两侧板料受力也是不均匀的，通常薄板侧的应力要大于厚板侧。

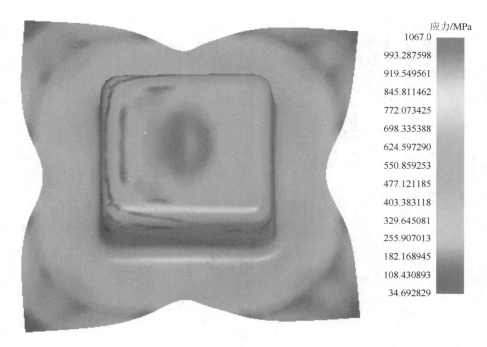

图 4.3　差厚板盒形件的应力分布

（3）变形分布的不均匀性。图 4.4 和图 4.5 分别为差厚板盒形件的应变分布图和圆网格变形图（均为左侧厚板，右侧薄板）。可以知道，不仅圆角部分和直边部分的变形不同，差厚板薄侧和厚侧的变形也存在差异，差厚板盒形件薄侧的变形要大于厚侧，从而导致差厚板的厚度过渡区（thickness transition zone，TTZ）在成形过程中发生移动。

第 4 章　轧制差厚板拉深成形技术研究 ·57·

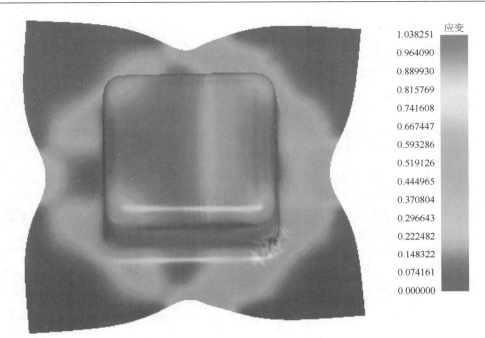

图 4.4　差厚板盒形件的应变分布

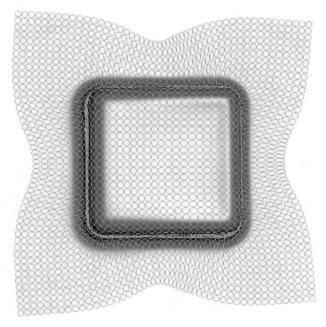

图 4.5　差厚板盒形件成形后的圆网格变形图

4.2 轧制差厚板盒形件拉深成形实验与仿真设置

4.2.1 实验条件

图 4.6 和图 4.7 分别为轧制差厚板盒形件拉深模具示意图以及实物图。凹模尺寸为 80mm×80mm，圆角半径为 6mm。凸模加工成阶梯状以补偿轧制差厚板的厚度差，圆角半径分别为厚板侧 5.2mm、薄板侧 6.3mm。采用分块压边圈，可以对板料的薄厚两侧施加不同的压边力。差厚板薄厚两侧不同的压边力由液压泵站来提供，通过两个调压阀分别控制两块压边圈的压边力。阶梯状模具间隙调整板能够体现差厚板的板厚差，进而为薄厚两侧板料提供统一的压边间隙。冲压设备为四柱液压机，冲压速度为 200mm/s。

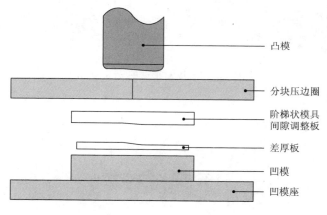

图 4.6 拉深模具示意图

4.2.2 仿真设置

轧制差厚板盒形件冲压仿真几何模型以及有限元模型如图 4.8 和图 4.9 所示。轧制差厚板厚度过渡区采用厚度为小增量的片体来模拟厚度的连续变化，并将其与应力应变场中不同厚度板料的材料参数相对应。凸模、凹模以及压边圈均定义为刚体，板料的材料模型遵循 3 参数 Barlat（1989）屈服准则、平面应力状态、幂指数硬化方式。板料的模拟采用 BT 壳单元理论，四边形网格单元。板料网格尺寸为 2.5mm×2.5mm，网格数量为 3600，节点数量为 3660。虚拟压边速度为 2000mm/s，虚拟冲压速度为 5000mm/s。凸凹模间隙为 1.1t（t 为板料厚度，因此差厚板冲压时各部分的模具间隙随板料厚度变化），板料与凸模之间的摩擦系数为 0.3，板料

图 4.7　拉深模具实物图

与模具之间的接触类型均选择 FORMING_ONE_WAY_SURFACE_TO_SURFACE。应用 LS-DYNA 动力显式算法进行求解,以提高计算效率,求解过程中板料网格自适应划分。

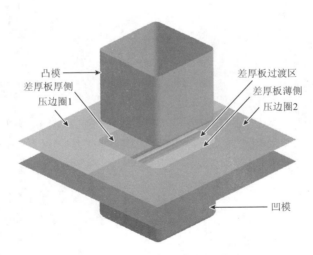

图 4.8　拉深成形仿真几何模型

将通过实验和仿真所获得的差厚板盒形件进行对比,如图 4.10 和图 4.11 所示,图中均为左侧厚板、右侧薄板。图 4.10 是板料尺寸分别为 150mm×150mm、160mm×160mm、170mm×170mm 的差厚板方盒零件,而图 4.11 则是过渡区位置为 $\Delta L = -20$mm、-10mm、0mm、10mm、20mm 的差厚板盒形件的实验与仿真结果比较,0 表示过渡区位于板料中心,"$-$"表示过渡区位于板料薄侧,反之过渡区位于板料厚侧。此外，本章后续对于过渡区移动量的度量均为：负值表示向薄板侧移动，正值表示向厚板侧移动。

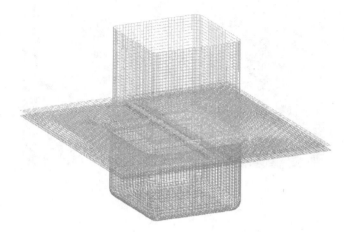

图 4.9 拉深成形仿真有限元模型

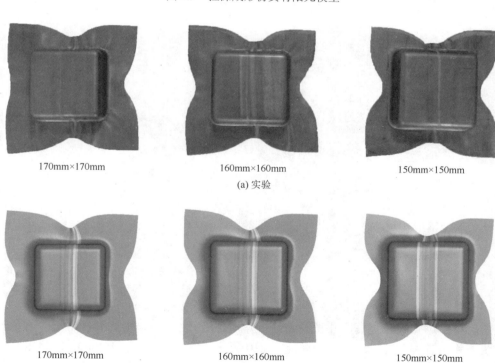

图 4.10 不同板料尺寸的差厚板盒形件实验与仿真对比

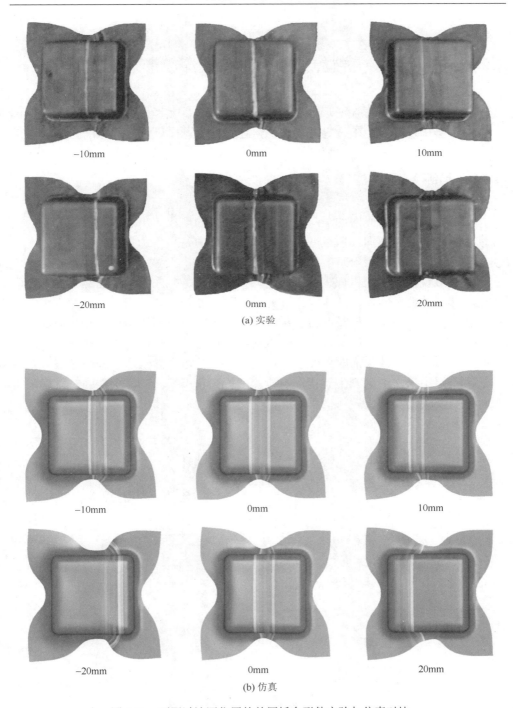

图 4.11 不同过渡区位置的差厚板盒形件实验与仿真对比

4.3 轧制差厚板盒形件拉深成形缺陷

由轧制差厚板盒形件变形分布的不均匀性可知,差厚板盒形件在拉深成形过程中除了会出现起皱、破裂等常规缺陷,还会发生厚度过渡区的移动。

4.3.1 起皱

起皱是指在原为光滑的板料表面上出现褶皱的现象。由于板料厚度方向的尺寸远小于其他两个方向,所以变形过程中厚度方向是最不稳定的,当切向压应力使板厚方向达到失稳极限时,板料便发生起皱现象。

从起皱现象发生的机理来看,压应力、切应力、拉应力、弯曲应力均可能成为板料起皱的诱发因素,具体的起皱类型如图 4.12 所示。盒形件成形过程中,一般会在法兰区、直壁区以及凸模头部产生皱褶,法兰区的皱褶通常是其他部位产生皱褶的原因。法兰区的皱褶是由于板料在成形过程中切向受压、径向受拉,法兰随着板料被拉入凹模而收缩变小,切向压应力的增大导致法兰失稳起皱。直壁区的皱褶是由于法兰区产生皱褶以及拉深凹模圆角磨损。凸模头部的皱褶是因为板料被凸模头部与凹模底部挤压形成再拉深状态。

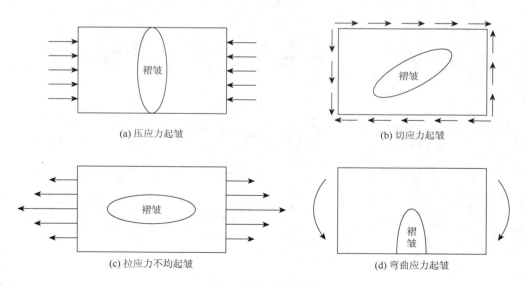

图 4.12 起皱的种类

通过仿真和实验研究发现，对于轧制差厚板来说，当采用常规压边圈时，通常是在法兰区起皱，但起皱的机理与普通等厚度板有所不同。薄厚两侧板料与模具之间的间隙并不相同，厚侧板料与模具之间的间隙较小，压边效果好；而薄侧板料与模具之间的间隙较大，压边圈的作用没有得到充分发挥，薄侧板料的法兰部分在切向压应力的作用下容易在厚度方向上发生失稳，进而产生起皱现象，如图 4.13 所示。为了解决起皱问题，可以考虑采用阶梯状模具间隙调整板和分块压边圈，补偿薄侧板料与模具之间的间隙，充分发挥压边圈的压边作用，并且为薄厚两侧板料提供不同大小的压边力，进而抑制整块差厚板，尤其是薄侧板料的起皱。与此同时，为了限制差厚板厚度过渡区的移动，充分发挥板料的成形性能，还需要通过分块压边圈在薄板侧施加比厚板侧更大的压边力。但是如果厚侧压边力过小，差厚板薄厚两侧板料压边力相差较大，则有可能在厚板侧发生起皱。

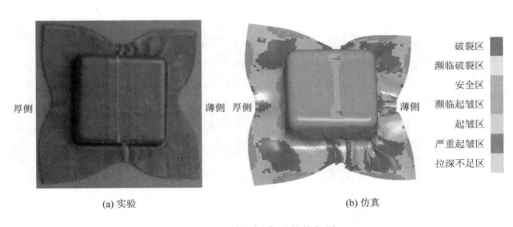

(a) 实验　　　　　　　　　　(b) 仿真

图 4.13　差厚板盒形件的起皱

即便如此，差厚板盒形件的起皱现象仍然不能完全避免，过渡区法兰部分也是起皱缺陷的易发生地带[172]。即使采用了阶梯状的模具间隙调整板，由于过渡区在成形过程中会发生移动，压边圈与过渡区的板料不能完全贴合，压边圈的作用得不到充分发挥，板料仍可能在厚度方向上发生失稳，进而在过渡区位置发生起皱，如图 4.14（a）和图 4.14（b）所示。图 4.14（a）为通过拉深实验所获得的差厚板盒形零件，其褶皱发生在过渡区的法兰部分。图 4.14（b）则显示了通过仿真分析所获得的差厚板盒形件厚度应变的分布情况，可以看出，在差厚板盒形件两侧过渡区位置的正应变值较大，发生起皱现象，这与实验结果保持一致。此外，厚度应变值在薄板侧、厚板侧的法兰直边区和圆角区也比较大，但不至于出现明显的褶皱。

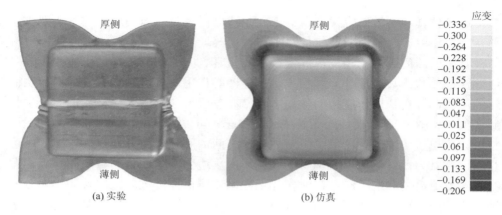

图 4.14　差厚板盒形件的过渡区起皱

图 4.15 给出了差厚板厚度过渡区中心截面的板料厚度分布，图 4.16 则显示了与过渡区中心截面垂直的差厚板板料中心截面的板料厚度分布情况。由图 4.15 和图 4.16 可以看出，通过仿真与实验所获得的板料厚度分布值基本吻合。盒形件底部（距离法兰端部 50～110mm）板料厚度变化很小，凸模圆角部分（距离法兰端部 40mm 和 120mm 附近）板料厚度减薄，法兰部分（距离法兰端部 0～20mm 和 140～160mm）板料厚度增加，从凸模圆角部分过渡到直壁区，再到法兰的端部，板料的厚度逐渐增大，厚度应变值也随之增大，从而在法兰端部发生起皱。

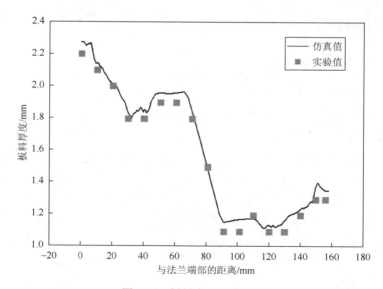

图 4.15　板料中心厚度分布

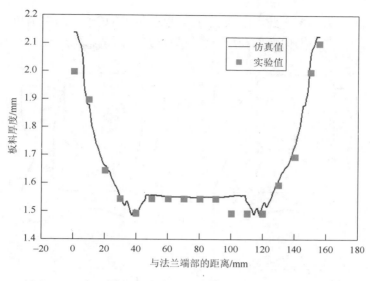

图 4.16 过渡区中心厚度分布

4.3.2 破裂

压缩失稳会导致起皱现象，而当拉伸失稳时便会发生破裂现象。破裂是冲压成形工艺中另一种常见的缺陷，按照发生的部位不同，它可以分为以下几类。

1. 底裂

底裂也称为拉深破裂，多发生在直壁与底部之间的过渡圆角处，如图 4.17（a）所示。原因在于这个部位的材料变形小，加工硬化程度低，并且该处材料厚度减薄、截面尺寸减小，易发生破裂现象。板料成形过程中，盒形件的底部以及侧壁均有不同程度的减薄，特别是底部和侧壁相切处减薄最为严重。因为此处在拉深开始时处于凸凹模之间，需要转移的材料少，变形程度小，冷作硬化程度低。另外，该处材料通过凹模圆角时，经历了径向和切向两个方向的弯曲、反弯曲变形，变形程度较大，材料变薄严重，承载能力下降。因此，该处材料厚度变薄，传力的截面积变小，所以往往成为整个拉深件强度最薄弱的地方，是拉深件的危险断面。

2. V 型壁裂

V 型壁裂多发生在凹模口附近的直壁圆角区，一般呈 "V" 型，如图 4.17（b）所示。法兰变形区材料流动不均匀，圆角部分变形程度大，硬化严重；圆角部分材料增厚,压边力集中于此,形成直壁承载时的应力集中;凹模圆角处材料经历了剧烈的纵向弯曲、横向弯曲和反弯曲,厚度严重减薄,致使破裂。

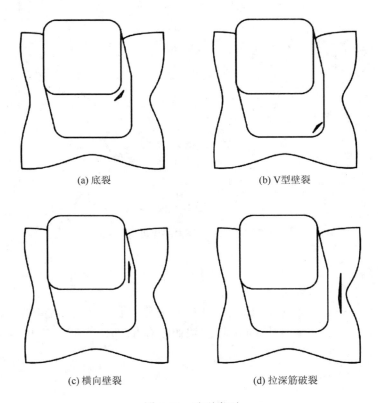

(a) 底裂　　　　　　　　(b) V型壁裂

(c) 横向壁裂　　　　　　(d) 拉深筋破裂

图 4.17　破裂类型

3. 横向壁裂

横向壁裂最容易出现在受到反复弯曲的直壁部位,如图 4.17(c)所示。通常认为引起横向壁裂的主要原因有:拉深深度过大、凹模圆角半径过小、压边力过大、拉深筋的存在、润滑条件差等。

4. 拉深筋破裂

拉深筋作用引起的破裂可能发生在直壁传力区,也可能发生在法兰变形区,如图 4.17(d)所示。主要原因是材料通过拉深筋后产生了剧烈的弯曲、反弯曲变形,材料厚度减薄,承载能力下降。

通过研究发现,对于轧制差厚板盒形件来说,底裂和 V 型壁裂是最容易发生的两种破裂现象。轧制差厚板盒形件的底裂如图 4.18 所示。在同等拉深力的作用下,差厚板盒形件圆角部位的应力和应变要大于直边部分。与厚侧相比,薄侧板料的截面尺寸更小,导致更大的拉应力以及拉伸变形,薄侧的应力和应变均要大于厚侧,因此当拉应力较大时,薄侧的危险断面减薄现象比厚侧更加严重,进而零件在薄侧的底部圆角与侧壁圆角的交界处发生破裂。差厚板的底裂现象通常在压边力适中,而拉深深度较大时发生。底裂发生时,整块差厚板的成形性能得到了充分发挥。

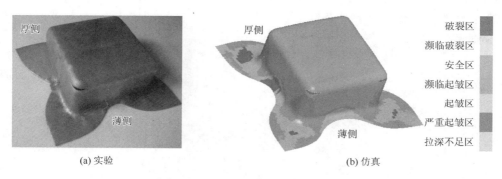

图 4.18　差厚板盒形件的底裂

轧制差厚板盒形件的 V 型壁裂如图 4.19 所示。对于差厚板盒形件而言,在同样大小的凸模力作用下,板料薄侧的拉应力更大,而且薄侧的屈服强度更低,因而会产生更大的变形,继而向凹模中流入更多的材料。但是当压边力较大时,压边圈对流过的材料有较大的抑制作用,导致材料向凹模中的流入较为困难,凹模圆角附近的材料经历了较大的变形,而且无法得到补充,进而凹模口附近的直壁圆角区容易发生破裂。而当压边力较小时,法兰区发生严重的起皱现象,尤其是薄侧法兰区。褶皱的出现会极大地阻碍薄侧板料向凹模中的流动,这同样会导致薄侧的凹模圆角区发生破裂。

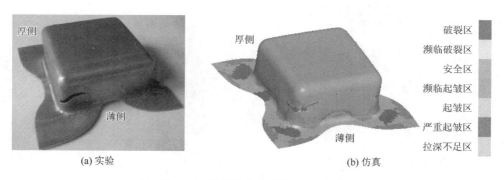

图 4.19　差厚板盒形件的 V 型壁裂

4.3.3 过渡区移动

差厚板厚度过渡区是薄厚两侧板料的平滑过渡部分，过渡区的位移大小是评价差厚板零件成形性能的一个重要指标。与拼焊板焊缝移动情况[173]类似，由于板料厚度存在差异，薄厚两侧板料的强度也不相同，因而轧制差厚板盒形件的厚度过渡区在成形过程中会发生移动，如图4.20所示（左侧厚板，右侧薄板）。

图 4.20 轧制差厚板盒形件过渡区的移动

由式（3.5）和式（3.6）可以得到

$$\Delta L = L_3' - L_3 = (L - L_1 - L_2)\left\{\exp\left[\left(\frac{K_2}{K_3}\frac{t_2}{t_3}\right)^{\frac{1}{n_3}}(\ln L_2' - \ln L_2)^{\frac{n_2}{n_3}}\right] - 1\right\} \quad (4.1)$$

令 $\alpha = K_2/K_1$，$\gamma = t_2/t_1$，$K_3 = (K_1 + K_2)/2$ 以及 $t_3 = (t_1 + t_2)/2$，并将这 4 个等式代入式（4.1），可将其简化为

$$\Delta L = L_3' - L_3 = (L - L_1 - L_2)\left\{\exp\left[\left(\frac{2\alpha}{1+\alpha}\frac{2\gamma}{1+\gamma}\right)^{\frac{1}{n_3}}(\ln L_2' - \ln L_2)^{\frac{n_2}{n_3}}\right] - 1\right\} \quad (4.2)$$

式中，ΔL 为差厚板厚度过渡区的移动量（变形量）。由式（4.2）可知，厚度过渡区移动量 ΔL 随着薄厚两侧板料强化系数比 α、板厚比 γ 的增大而增大。因此，为了减小差厚板过渡区的移动量，就需要尽可能地降低薄厚两侧板料的性能差以及厚度差。

假设成形临近结束时，薄板侧率先发生破裂，由应变的定义 $\varepsilon = \ln(1 + \Delta L/L)$ 和幂指数材料本构关系 $\sigma = K\varepsilon^n$，可以得到薄侧板料的应力-应变关系为

$$\sigma_1 = K_1 \left[\ln\left(1 + \frac{\Delta L_1}{L_1}\right) \right]^{n_1} \tag{4.3}$$

整理式（4.3），可以得到差厚板薄侧的变形量为

$$\Delta L_1 = L_1 \left[\exp\left(\frac{\sigma_1}{K_1}\right)^{\frac{1}{n_1}} - 1 \right] \tag{4.4}$$

由式（4.4）可以看出，薄侧的长度 L_1、应力 σ_1 越大，硬化指数 n_1、强化系数 K_1 越小，那么薄侧的变形量就越大。当过渡区长度远小于整块差厚板的长度时，这也就意味着厚度过渡区的移动量也越大。

根据式（4.3）以及体积不变原则，当薄板侧应力增大至抗拉强度 σ_b 时，厚板侧应力为

$$\sigma_2 = \frac{\sigma_b A_1'}{A_2'} = \frac{\sigma_b \frac{A_1 L_1}{L_1'}}{\frac{A_2 L_2}{L_2'}} = \frac{\sigma_b \frac{B t_1 L_1}{L_1'}}{\frac{B t_2 L_2}{L_2'}}$$

$$= \sigma_b \frac{t_1}{t_2} \frac{L_1}{L_2} \frac{L_2'}{L_1'} \tag{4.5}$$

再由 $\sigma = K\varepsilon^n$，便可以得到差厚板薄侧发生破裂时，厚板侧的变形量 ΔL_2 的计算公式为

$$\sigma_b \left(1 + \frac{\Delta L_2}{L_2}\right) \frac{t_1}{t_2} \frac{L_1}{L_2} \frac{\Delta L_2 + L_2}{\Delta L_1 + L_1}$$

$$= K_2 \left[\ln\left(1 + \frac{\Delta L_2}{L_2}\right) \right]^{n_2} \tag{4.6}$$

式中，σ_i 为应力；K_i 为强化系数；n_i 为硬化指数；t_i 为板料厚度；L_i 为板料的初始长度；L_i' 为板料变形后的长度；A_i 为垂直于拉伸方向的板料截面面积；σ_b 为薄侧板料抗拉强度；ΔL_i 为板料变形量；A_i' 为板料变形后的截面积。其中，下标 $i = 1, 2, 3$，分别为板料的薄侧、厚侧和厚度过渡区。

在差厚板薄、厚两侧材料参数和薄板侧抗拉强度已知的条件下，可先由式（4.4）求出差厚板薄侧的变形量，再将薄侧变形量的数值代入式（4.6），进而求得厚侧的变形量。因此，结合过渡位移与差厚板薄、厚侧板料变形量之间的关系，过渡区中心移动量公式可近似表达为

$$\Delta L = \left[\frac{t_2}{2(t_1+t_2)} - 0.25\right] \times \Delta L_3 + \frac{\Delta L_1 - \Delta L_2}{2} \quad (4.7)$$

式中，ΔL_3 为过渡区的变形量，而过渡区的位移 ΔL 由过渡区的长度、位置以及材料性能等相关参数决定。如果过渡区的尺寸较大，则对于过渡区移动的影响随之增大。当过渡区的尺寸与整块差厚板板料相比足够小时，甚至可忽略对于过渡区移动的影响。

由式（4.2）、式（4.4）、式（4.6）、式（4.7）可知，过渡区移动量除了受到差厚板材料参数影响，还与差厚板板料尺寸、薄厚两侧板料的厚度、过渡区长度及位置等有关[174]。因此，需要针对这些关键指标对于过渡区移动量的影响规律进行分析。仿真与实验所获得的差厚板盒形件及其过渡区移动量的对比如图 4.21 和图 4.22 所示（左侧厚侧，右侧薄侧）。

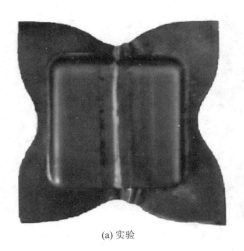
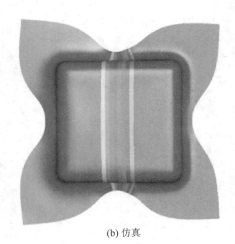

(a) 实验   (b) 仿真

图 4.21 差厚板盒形件的实验与仿真对比

通过分析图 4.21 和图 4.22 可以知道，在差厚板拉深成形过程中，盒形件底部过渡区向厚板侧移动，法兰过渡区向薄板侧移动，而侧壁过渡区则是从向厚板侧移动逐渐转变为向薄板侧移动[175]。对于盒形件底部，板料受双向拉应力，薄侧所受拉应力更大，因而过渡区向厚板侧移动；对于盒形件的法兰，板料两侧均受到挤压作用，薄侧板料所受切向压应力更大，导致过渡区向薄板侧运动。而对于盒

形件侧壁，靠近底部的部分与底部的应力状态接近，过渡区向厚板侧移动；靠近法兰的部分与法兰的应力状态相似，过渡区向薄板侧移动；中间部分则是由于应力状态的改变，过渡区由向厚板侧移动过渡到向薄板侧移动。因此，薄、厚两侧板料应力分布不均是导致厚度过渡区发生移动的根本原因。

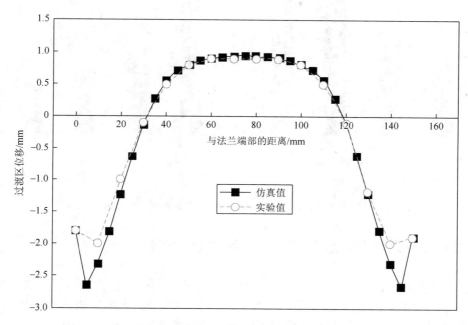

图 4.22　差厚板盒形件过渡区移动量的实验与仿真对比

4.4　差厚板拉深成形性能影响因素分析

4.4.1　退火工艺对差厚板拉深成形性能的影响

本书所采用的差厚板是由厚度较大的等厚度板轧制而成的，薄板侧以及过渡区内部均会留有一定的残余应力，它将极大地影响差厚板的成形性能。退火工艺对差厚板拉深成形性能的影响如图 4.23 所示。这里采用拉深成形极限来表示盒形件的成形性能，它是盒形件最大拉深深度 H 与转角半径 R_c 的比值，为一次拉深成形的极限相对高度。

成形参数：恒定压边力，薄侧 4t，厚侧 2t；过渡区长度 20mm，位于板料中心。

由图 4.23 可以看出，经过退火处理后，轧制差厚板盒形件的拉深成形极限有较大提高。尤其板厚差越大、板料尺寸越小，退火工艺对于提高差厚板拉深成形极限的作用也就越明显。因此，为了获得更大的拉深深度以及更好的成形性能，本章后面的研究均采用退火后的轧制差厚板。

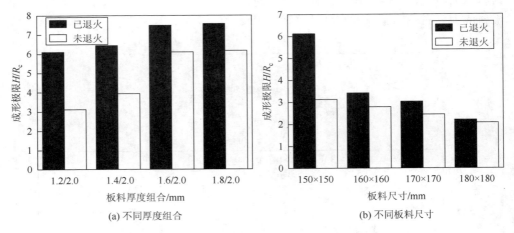

图 4.23 不同厚度组合以及板料尺寸的差厚板盒形件成形极限对比

4.4.2 压边力类型对差厚板拉深成形性能的影响

对于不同的压边力类型，压边力随拉深行程按照不同的规律变化。当薄、厚侧压边力为"恒"时，薄侧压边力恒定为 4t，厚侧压边力恒定为 2t。当薄侧压边力为"增"时，压边力从 2t 线性增大到 4t；当薄侧压边力为"减"时，压边力从 4t 线性减小到 2t。厚侧压边力为"增"时，压边力从 1t 线性增大到 2t；当厚侧压边力为"减"时，压边力从 2t 线性减小到 1t。仿真结果如表 4.1 所示，表 4.2 则给出了差厚板盒形件厚度减薄与底部过渡区移动情况的实验与仿真对比情况。

成形参数：过渡区长度为 20mm，位于板料中心；板料厚度为 1.2mm/2.0mm；板料尺寸为 150mm×150mm。

表 4.1 不同压边力类型时差厚板盒形件的厚度减薄与过渡区移动情况

压边力类型 薄侧-厚侧	最大厚度减薄率/%	过渡区中心最大位移/mm		
		底部	侧壁	法兰
恒-恒 1	28.54	0.95	−2.66	−1.90
恒-增 2	33.79	1.18	−2.67	−1.79
恒-减 3	28.66	0.90	−2.71	−1.87
增-恒 4	28.41	1.11	−2.60	−1.88

续表

压边力类型 薄侧-厚侧	最大厚度减薄率/%	过渡区中心最大位移/mm		
		底部	侧壁	法兰
增-增 5	33.57	1.36	−2.58	−1.73
增-减 6	28.83	1.07	−2.64	−1.85
减-恒 7	28.60	0.99	−2.66	−1.91
减-增 8	33.89	1.23	−2.67	−1.79
减-减 9	28.62	0.94	−2.66	−1.88

如表 4.1 所示，对于厚度减薄率而言，从大到小依次为 8＞2＞5＞6＞3＞9＞7＞1＞4；对于底部过渡区的位移而言，从大到小依次是 5＞8＞2＞4＞6＞7＞1＞9＞3；对于侧壁过渡区的位移而言，从大到小依次为 3＞8＝2＞7＝1＝9＞6＞4＞5；对于法兰过渡区的位移而言，从大到小依次为 7＞1＞9＝4＞3＞6＞8＝2＞5。为了减小减薄率并控制过渡区的移动，综合来看，采用压边力类型 1 比较理想，而且恒定压边力实现起来也相对容易。

表 4.2 不同压边力类型时的厚度减薄以及过渡区移动的实验与仿真对比

压边力类型	最大厚度减薄率/%		底部过渡区最大位移/mm	
	仿真值	实验值	仿真值	实验值
恒定	28.54	29.02	0.95	1.02
递增	33.57	38.44	1.36	1.50
递减	28.62	31.78	0.94	1.27

由表 4.2 可知，实验值与仿真值比较接近，且有相同的变化趋势。与递增型压边力相比，恒定压边力和递减型压边力均可以取得较小的厚度减薄率以及较小的过渡区移动量，而且恒定压边力能够获得比递减型压边力更小的厚度减薄率和过渡区位移。因此，对于差厚板盒形件的成形，采用恒定的压边力类型是更为可取的，这与对表 4.1 的分析结论是相同的。

图 4.24 为不同压边力类型时，差厚板厚度应变的分布情况，图中 1~9 的压边力类型与表 4.1 中的压边力类型相对应。由图 4.24 可以看出，对于各种类型的压边力而言，过渡区最大厚度应变值与零件的最大厚度应变值完全一致，即最大厚度应变均是发生在过渡区法兰部分。原因在于过渡区在成形过程中发生移动而

导致贴模性变差，尤其过渡区法兰部分由于受到压边圈的约束作用减弱，从而产生较大的厚度应变。并且厚度应变从小到大依次为压边力类型1、压边力类型4、压边力类型7、压边力类型3、压边力类型6、压边力类型9、压边力类型5、压边力类型2、压边力类型8。因此，优先采用压边力类型1（薄、厚两侧均采用恒定的压边力），以便获得更小的厚度应变值，抑制起皱缺陷的发生。当同时考虑压边力类型对破裂缺陷以及过渡区移动缺陷的影响时，仍能够得到相同的结论，即采用恒定的压边力能够很好地控制差厚板的过渡区移动以及厚度减薄，获得良好的成形性能。

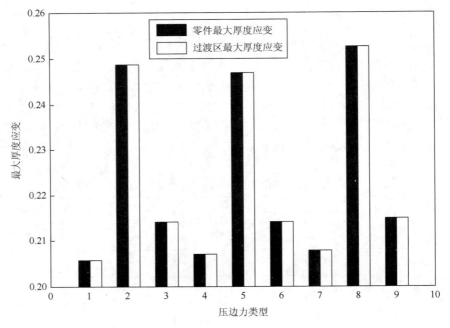

图 4.24　压边力类型对厚度应变的影响

4.4.3　压边力值对差厚板拉深成形性能的影响

压边力是影响差厚板盒形件成形质量的一个关键工艺参数[113, 116]。在板料上施加不同的压边力，过渡区的移动距离是不同的，同时压边力的大小又与零件的起皱和破裂等缺陷密切相关。压边力的准确选取不仅可以保证冲压件的成形质量，还可以指导成形设备的选择。

成形参数：过渡区长度为20mm，位于板料中心；板料厚度为1.2mm/2.0mm；板料尺寸为150mm×150mm；采用压边力类型1。

1. 等压边力

在板料成形过程中，通常需要采用压边装置来对板料施加一定的摩擦阻力，以增加拉应力、控制材料的流动。表 4.3 为薄厚两侧采用相等压边力时差厚板盒形件的厚度减薄与过渡区移动情况。

表 4.3 等压边力时差厚板盒形件的厚度减薄与过渡区移动情况

压边力/t	最大厚度减薄率/%	过渡区中心最大位移/mm		
		底部	侧壁	法兰
0.5	31.54	1.40	−1.41	0.49
1	29.04	1.19	−2.67	−1.93
2	28.58	1.08	−2.62	−1.90
4	29.40	1.09	−2.40	−1.74
6	29.55	1.10	−2.32	−1.70
8	30.50	1.12	−2.23	−1.68
10	31.13	1.16	−2.16	−1.65

由表 4.3 可以看出，随着压边力的增大，厚度减薄率呈现先减小后增大的趋势，也就是说减薄率存在着极小值。当压边力较小时，起皱是限制成形性能的主要因素；而当压边力较大时，破裂成为限制成形性能的主要因素。原因在于压边力过小，零件就会起皱，褶皱对材料流入凹模的极大阻碍作用会导致厚度过度减薄现象的发生；但如压边力过大，零件同样会有被拉裂的危险。

由表 4.3 还可以看出，随着压边力的增大，底部过渡区的位移也呈现先减小后增大的趋势，也存在极小值，而侧壁和法兰过渡区的位移则是逐渐减小。对于盒形件底部，板料受双向拉应力，薄侧所受拉应力更大，因而过渡区向厚板侧移动。当压边力增大时，薄侧由于强度低而发生更大的拉伸变形，因而过渡区向厚侧的移动量也增大。对于盒形件的法兰，由于板料两侧均受到挤压作用，薄侧板料所受切向压应力大，导致过渡区向薄板侧运动。压边力增大会降低切向挤压力，而压边力的改变给薄板侧切向压应力带来的改变更大，因而薄厚两侧板料发生的变形也更为均匀，过渡区移动量减小。而当压边力小于 1t 时，盒形件起皱比较严重，其过渡区移动量与其他压边力时的情形有着较大的差别。因此，压边力处于 1~4t 能够获得较小的减薄率和过渡区移动量，并且零件不会产生起皱现象。

通过实验对仿真结果进行验证，得到不同等压边力时差厚板盒形零件厚度减薄以及底部过渡区移动情况如图 4.25 和图 4.26 所示。从图中可以看出，实验值与仿真值有着一致的变化趋势，实验可以获得与仿真相同的结论。

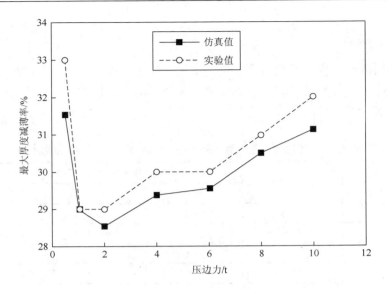

图 4.25　等压边力时的厚度减薄

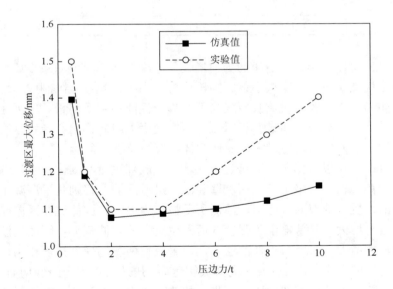

图 4.26　等压边力时的过渡区移动

2. 不等压边力

对于差厚板盒形件的拉深成形，板厚差及强度差等因素带来了薄厚两侧板料变形的不一致性，可以考虑通过对薄厚两侧板料施加不同的压边力来进行协调，最终使整块差厚板的变形趋于均衡。

1)厚侧压边力不变

厚侧压边力分别保持 1t、2t 不变,而薄侧压边力从 0.5t 增大到 10t 时,差厚板盒形件的厚度减薄率以及过渡区移动情况如表 4.4 和表 4.5 所示。

表 4.4 不等压边力时差厚板盒形件的厚度减薄率与过渡区移动情况(厚侧压边力 1t)

压边力(薄侧-厚侧)/t	最大厚度减薄率/%	过渡区中心最大位移/mm		
		底部	侧壁	法兰
0.5-1	29.01	1.21	−2.75	−2.03
1-1	29.04	1.19	−2.67	−1.93
2-1	29.09	1.14	−2.63	−1.76
4-1	29.24	1.02	−2.68	−1.83
6-1	29.59	0.90	−2.74	−1.81
8-1	29.58	0.78	−2.81	−1.84
10-1	29.86	0.66	−2.88	−1.87

表 4.5 不等压边力时差厚板盒形件的厚度减薄率与过渡区移动情况(厚侧压边力 2t)

压边力(薄侧-厚侧)/t	最大厚度减薄率/%	过渡区中心最大位移/mm		
		底部	侧壁	法兰
0.5-2	28.31	1.15	−2.76	−2.13
1-2	28.29	1.15	−2.67	−2.00
2-2	28.58	1.08	−2.62	−1.90
4-2	28.54	0.95	−2.66	−1.90
6-2	28.83	0.84	−2.71	−1.92
8-2	29.42	0.71	−2.77	−1.96
10-2	29.51	0.60	−2.83	−1.99

由表 4.4 和表 4.5 可知,随着薄侧压边力的增大,厚度减薄率增大,底部过渡区位移减小,而侧壁和法兰过渡区位移则呈现先减小后增大的趋势。薄侧压边力的变化对于盒形件底部过渡区移动的影响远大于侧壁和法兰。因此,增大薄侧的压边力可以明显抑制底部过渡区的移动。厚侧为 2t 压边力时,与厚侧为 1t 压边力时相比,厚度减薄率以及底部过渡区的位移更小,法兰过渡区位移有所增大,而侧壁过渡区位移相差不大。

图 4.27 和图 4.28 分别为厚板侧压边力保持不变时,差厚板厚度减薄率以及底部过渡区移动量与薄板侧压边力的关系曲线。可以看出,通过仿真和实验两种研究手段可以得到相同的结论,即随着薄侧压边力的增大,厚度减薄率增大,过渡

区位移减小。原因在于当厚侧压边力保持不变时,随着薄侧压边力增大,薄侧板料的变形承受更大阻力,薄板侧的材料向凹模中的流入变得更加困难,薄侧靠近凸模圆角处的材料经历了较大的变形,厚度减薄而无法得到补充,厚度减薄现象加剧,进而发生破裂。但是压边力也不是越小越好,当压边力过小时会导致严重的起皱现象。与此同时,当压边力增大后,薄侧的进料更加困难,流入凹模中的

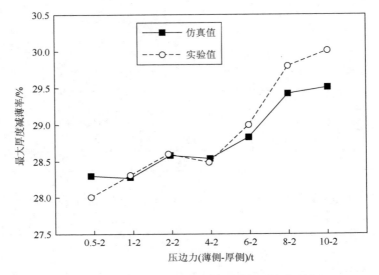

图 4.27 变压边力时的厚度减薄(厚侧压边力不变)

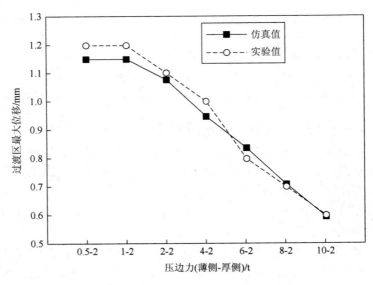

图 4.28 变压边力时的过渡区移动(厚侧压边力不变)

材料减少,过渡区移动量也随之减小。因此,可以通过增大薄侧的压边力来抑制差厚板过渡区的移动。

图 4.29 为厚板侧压边力保持不变时,差厚板厚度应变与薄板侧压边力的关系曲线。由图 4.29 可知,随着薄侧压边力的增加,板料在厚度方向上的变形受到抑制,厚度应变减小,即厚度增厚率减小,板料不容易发生起皱。当薄侧压边力小于 2t 时,零件的最大厚度应变发生在差厚板的薄侧法兰部分,其值大于过渡区的最大厚度应变值,当压边力继续减小时会导致起皱现象。原因在于此时薄侧压边力较小,对于薄板侧沿厚度方向上的变形限制较小,因而该处发生较大应变。而当薄侧压边力大于 2t 时,过渡区最大厚度应变曲线与零件的最大厚度应变曲线重合,即零件的最大厚度应变处由薄侧法兰处转移到厚度过渡区法兰部分,这时厚度应变值较小,不会产生起皱缺陷。此时由于薄板侧的压边力增大,厚度方向上变形受到限制,而过渡区法兰部分由于过渡区的移动而导致与模具的贴合性变差,从而发生较大的厚度应变,最大厚度应变处由薄板侧的法兰区转移到过渡区法兰部分。

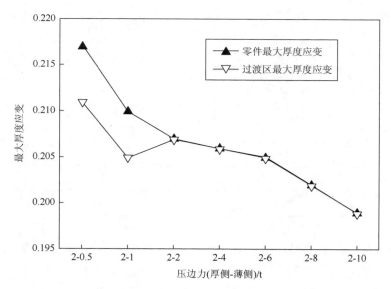

图 4.29　压边力值对厚度应变的影响(厚侧压边力不变)

总的来看,薄侧压边力在 2~6t 时能够获得较小的减薄率和过渡区移动量,并且零件不会诱发起皱缺陷。

2) 薄侧压边力不变

薄侧压边力分别保持 4t、6t 不变,而厚侧压边力从 0.5t 增大到 10t 时,差厚板盒形件的厚度减薄率以及过渡区移动情况如表 4.6 和表 4.7 所示。

表 4.6 不等压边力时差厚板盒形件的厚度减薄率与过渡区移动情况（薄侧压边力 4t）

压边力（薄侧-厚侧）/t	最大厚度减薄率/%	过渡区中心最大位移/mm		
		底部	侧壁	法兰
4-0.5	31.99	1.11	−1.68	0.43
4-1	29.24	1.02	−2.68	−1.83
4-2	28.54	0.95	−2.66	−1.90
4-4	29.40	1.09	−2.40	−1.74
4-6	29.58	1.22	−2.25	−1.66
4-8	30.06	1.31	−2.12	−1.60
4-10	30.73	1.49	−1.99	−1.54

表 4.7 不等压边力时差厚板盒形件的厚度减薄率与过渡区移动情况（薄侧压边力 6t）

压边力（薄侧-厚侧）/t	最大厚度减薄率/%	过渡区中心最大位移/mm		
		底部	侧壁	法兰
6-0.5	32.20	1.00	−1.82	0.28
6-1	29.59	0.90	−2.74	−1.81
6-2	28.83	0.84	−2.71	−1.92
6-4	29.57	1.00	−2.46	−1.77
6-6	29.55	1.10	−2.32	−1.70
6-8	30.13	1.21	−2.18	−1.63
6-10	30.85	1.35	−2.04	−1.58

由表 4.6 和表 4.7 可以看出，随着厚侧压边力的增大，厚度减薄率和底部过渡区位移均呈现先减小后增大的趋势，侧壁过渡区位移逐渐减小，而法兰过渡区位移则是先增大而后减小。薄侧为 4t 压边力时，与薄侧为 6t 压边力相比，厚度减薄率更小，底部过渡区位移更大而法兰与侧壁过渡区位移更小。

图 4.30 为薄板侧压边力保持不变时，差厚板厚度减薄率随厚板侧压边力的变化曲线。由图 4.30 可以看出，随着厚侧压边力的增大，厚度减薄率呈现先减小后增大的趋势，即存在极小值。薄侧压边力保持不变，当厚侧压边力较小时，厚侧材料流动较为容易，而薄侧的压边力较大，材料向凹模中的流动较为困难，变形主要集中于薄侧进行，厚度减薄现象比较严重。随着厚侧压边力的增大，两侧的

变形更加均衡，厚度减薄现象得到缓解。当厚侧压边力增大到 2t 左右时，薄侧与厚侧板料的性能均得到充分发挥，厚度减薄率取得最小值。此后，随着厚侧压边力的增大，厚侧材料的流动变得更加困难，厚度减薄情况加剧。

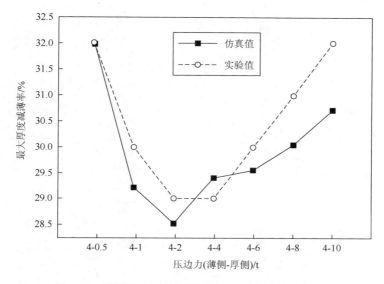

图 4.30　变压边力时的厚度减薄（薄侧压边力不变）

图 4.31 为薄板侧压边力保持不变时，差厚板底部厚度过渡区移动量随厚板侧压边力的变化曲线。可以知道，随着厚侧压边力的增大，过渡区位移也呈现先减小后增大的趋势，即存在极小值。当厚侧压边力较小时，薄侧的压边力相对较大，薄厚两侧的变形不够均匀，变形主要集中于薄侧进行，因此过渡区的位移也较大。随着厚侧压边力的增大，两侧的变形更加均衡，过渡区移动量减小。当厚侧压边力增大到 2t 左右时，薄侧和厚侧板料的性能均得到充分发挥，过渡区移动量均取得最小值。此后，随着厚侧压边力的增大，厚侧材料的流动变得更加困难，发生更大的变形，而薄侧流入的材料更多，变形程度减轻，这样薄厚两侧的不均匀变形程度加剧，因此过渡区移动量也随之增加。

由以上的分析可知，综合来看，薄侧 4t、厚侧 2t 的压边力对于控制厚度减薄率以及抑制过渡区移动都是比较有利的。

图 4.32 为薄板侧压边力保持不变时，差厚板厚度应变随厚板侧压边力的变化曲线。由图 4.32 可知，随着厚侧压边力的增大，最大厚度应变值减小，但是这种变化趋势在压边力大于 2t 之后变得比较平缓。当厚侧压边力较小时，板料在厚度方向上受到较小的约束力作用，材料容易在厚度方向上产生失稳起皱，此时厚侧与过渡区厚度较大部分均会在法兰区产生比较严重的起皱现象，其中过渡

区法兰部位的厚度应变值更大。随着厚侧压边力值的增大，板料沿厚度方向受到了更大的约束力，厚度应变值减小，并且零件最大厚度应变处由过渡区法兰转移到差厚板薄侧的法兰部分，但是两个区域的厚度应变值均较小，不会产生起皱现象。

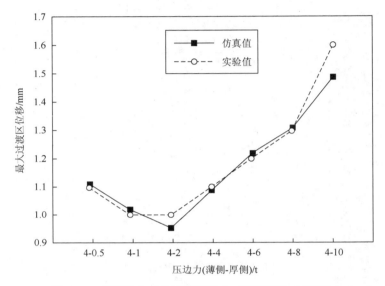

图 4.31　变压边力时的过渡区移动（薄侧压边力不变）

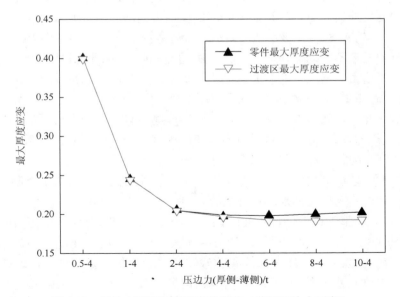

图 4.32　压边力值对厚度应变的影响（薄侧压边力不变）

总结以上对于压边力的分析,对于差厚板盒形件而言,采用较大的压边力可以抑制起皱缺陷的出现,但是压边力的数值过大有可能会导致零件破裂以及厚度过渡区移动量增大,因此需要同时考虑破裂缺陷、过渡区移动和起皱缺陷,合理匹配差厚板薄、厚侧的压边力,以便获得优质的差厚板零件。综合来看,采用不随时间变化而仅随位置变化的薄侧 4t、厚侧 2t 的压边力对于控制厚度减薄率、抑制过渡区移动以及防止起皱缺陷都是比较有利的。

4.4.4 板料厚度差对差厚板拉深成形性能的影响

板料厚度是差厚板拉深成形性能的重要影响因素,薄厚两侧板料厚度的合理匹配可以在满足工艺要求的前提下尽可能减轻零件的重量[176]。板厚差的存在将会导致薄厚两侧板料力学性能的差异,两者均会对差厚板的拉深成形性能产生较大影响。分别对厚度为 1.2mm/2.0mm、1.4mm/2.0mm、1.6mm/2.0mm、1.8mm/2.0mm 的差厚板的拉深成形性能进行研究,其结果如图 4.33 和图 4.34 所示。

成形参数:过渡区长度为 20mm,位于板料中心;板料尺寸为 150mm×150mm;采用压边力类型 1,薄侧压边力为 4t,厚侧压边力为 2t。

由图 4.33 和图 4.34 可知,随着厚度差的减小,厚度减薄率与过渡区位移均减小。板厚差越小,整块板料的性能就越均匀,薄厚两侧板料的变形也更加均衡,

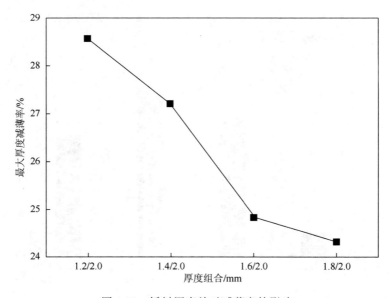

图 4.33 板料厚度差对减薄率的影响

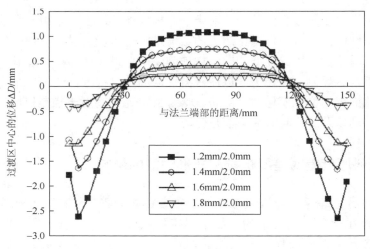

图 4.34 板料厚度差对过渡区移动的影响

过渡区的移动量也就更小。这样变形就不会集中于板料的弱侧进行，整块板料的成形性能能够得到充分利用，成形性能提高，厚度减薄率降低。因此，为了获得更好的成形性能，需要采用较小的厚度差。然而，厚度差越小则差厚板的性能越接近等厚板，减重与节材效果弱化。

图 4.35 为板料厚度与厚度应变的关系曲线。由图 4.35 可知，随着板料厚度差的减小，厚度应变呈现先增加后减小的趋势。当板料薄侧厚度小于 1.4mm 时，零

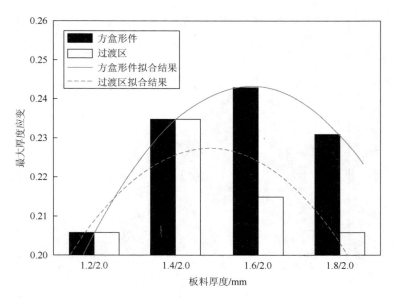

图 4.35 板料厚度对厚度应变的影响

件的最大厚度应变发生于厚度过渡区法兰部分,而随着板料厚度的增加,最大厚度应变值的发生位置转移到薄侧板料的法兰部位。当板料厚度差较大时,过渡区移动量随之增大,因而压边圈对于过渡区处板料的限制作用减弱,最大厚度应变发生在过渡区的法兰部分。随着厚度差的减小,过渡区移动量减小,过渡区与模具贴合较好,沿厚度方向上的应变随之减小,最大厚度应变转而发生在薄板侧法兰区。

由于本章所研究的几种厚度的差厚板盒形件的最大减薄率均不超过30%,并且盒形件底部过渡区的位移量也不超过1mm,能够符合工艺要求。因此,为了抑制起皱现象,并且更好地节约材料,充分发挥差厚板的优势,本章后续研究均采用厚度为1.2mm/2.0mm的差厚板。

4.4.5 过渡区长度对差厚板拉深成形性能的影响

过渡区长度是轧制差厚板所特有的板料几何参数,过渡区的长度不仅直接决定了差厚板厚度、性能变化的剧烈程度,也关系着零件与模具型面的贴合程度。因此,过渡区长度对差厚板的拉深成形性能影响较大,需要进一步研究。分别对过渡区长度为20mm、40mm和60mm的差厚板盒形件的成形过程进行研究,其结果如图4.36和图4.37所示。

成形参数:过渡区位于板料中心;板料尺寸为150mm×150mm,板料厚度为1.2mm/2.0mm;采用压边力类型1,薄侧压边力为4t,厚侧压边力为2t。

由图4.36和图4.37可以看出,随着过渡区长度的增加,厚度减薄率减小,过渡区移动量也减小。当厚度过渡区长度较大时,差厚板沿轧制方向的材料性能变化就比较平缓,这对于发挥整块板料的成形性能是比较有利的,因而差厚板的成形性能得以提高[177],厚度减薄率降低。此外,当厚度过渡区较短并且厚度变化较大时,差厚板在过渡区处的材料性能变化就比较剧烈,薄厚两侧板料的变形量存在很大差异,因此过渡区移动量较大。而随着过渡区长度的增加,差厚板材料性能的变化相对平缓,整块板料的成形性能得以充分发挥,薄厚两侧板料的变形量较为接近,过渡区移动量减小。因此,为了抑制过渡区移动以及板料厚度的过度减薄,应该选取具有更长过渡区尺寸的差厚板。

图4.38显示了过渡区长度对厚度应变的影响。由图4.38可知,零件的最大厚度应变值与过渡区的最大厚度应变值保持一致,即零件最大厚度应变均发生于过渡区法兰部分,并且随着过渡区长度的增加,最大厚度应变值增大。因为过渡区长度越大,则过渡区部分的板料就越不容易与模具型面贴合,压边圈对于板料的约束作用减弱,进而使得厚度应变值增大,甚至发生起皱。

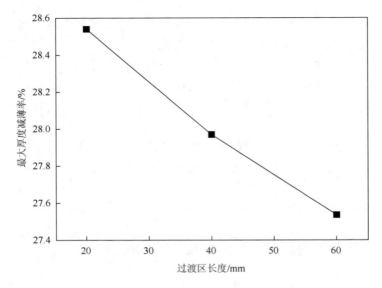

图 4.36 过渡区长度对减薄率的影响

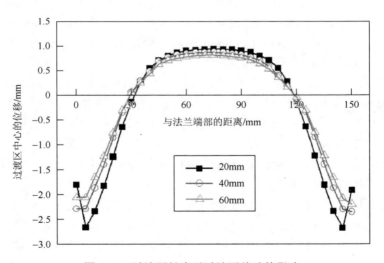

图 4.37 过渡区长度对过渡区移动的影响

选用更长的过渡区能够获得较小的过渡区移动量以及厚度减薄率，从而获得优良的差厚板成形性能。然而，过渡区长度并不能无限增大，由于目前轧制工艺的限制，过长的过渡区会导致差厚板板坯质量的下降，并且还有可能引起起皱缺陷。此外，过渡区长度对差厚板盒形件成形性能的影响要远小于其他工艺参数。因此，综合以上考虑，本章后续研究均采用过渡区长度为 20mm 的差厚板。

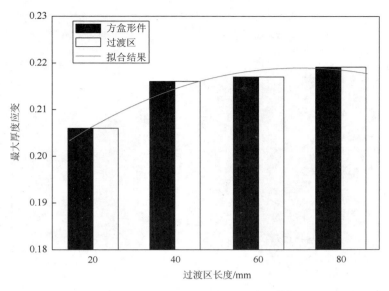

图 4.38　过渡区长度对厚度应变的影响

4.4.6　过渡区位置对差厚板拉深成形性能的影响

过渡区位置是差厚板的特征几何参数之一，它不仅关系到差厚板的过渡部分在零件成形结束时所处的空间位置，从而间接影响差厚板的成形性能，还会决定差厚板薄、厚侧板料所处的位置和所占的相对比例，影响着薄厚两侧板料变形的大小以及方向，即改变了整块差厚板的变形分布，从而对差厚板的成形性能造成很大的影响。而且，过渡区处在差厚板不同位置时，其过渡区移动的情况也不相同[178]。可见，只有合理地布置过渡区位置，减小薄厚两侧板料的不均匀变形，才能提高差厚板拉深件的质量。分别对过渡区位于板料中心（$\Delta L = 0$mm）、偏向板料薄侧（$\Delta L = -10$mm，-20mm）、以及偏向板料厚侧（$\Delta L = 10$mm，20mm）时差厚板盒形件的拉深成形性能进行研究，其结果如图 4.39～图 4.43 所示。

成形参数：过渡区长度为 20mm；板料尺寸为 150mm×150mm；板料厚度为 1.2mm/2.0mm；采用压边力类型 1，薄侧压边力为 4t，厚侧压边力为 2t。

图 4.39 为不同过渡区位置情况下，差厚板盒形件板料厚度减薄趋势的仿真与实验结果。由图 4.39 可以看出，过渡区位置越偏向薄侧，差厚板盒形件的减薄率越小。这是因为过渡区位置偏向薄侧意味着厚板所占比例增大，差厚板的性能更加接近于厚板，因而差厚板成形性能更好，应力应变集中程度降低，减薄率也更小。

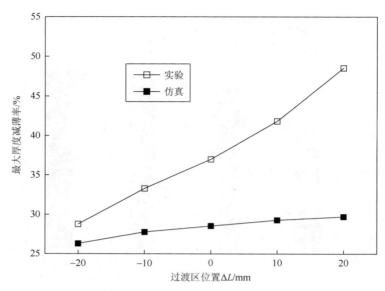

图 4.39 不同过渡区位置的差厚板盒形件厚度减薄率的实验与仿真对比

图 4.40 给出了不同过渡区位置时，差厚板盒形件过渡区移动量的实验与仿真结果对比，而图 4.41 和图 4.42 则分别更直观地描述了过渡区位置对底部过渡区和法兰过渡区移动量的影响。从图 4.42 中可以看出，过渡区位于板料中心以及偏向厚侧时，底部过渡区向厚侧方向移动，法兰过渡区向薄侧方向移动，侧壁过渡区则有向厚侧移动、向薄侧移动和不移动三种情况发生；而过渡区位于板料薄侧时，法兰和底部过渡区均向厚侧移动，侧壁过渡区也有向厚侧移动、向薄侧移动和不移动三种情况发生。总的来说，过渡区位置越接近板料中心，过渡区的综合移动量越小，法兰和侧壁过渡区的移动量要大于底部，对于相同的偏置距离，偏向薄侧时的过渡区移动量要小于偏向厚侧时的过渡区移动量。随着过渡区位置越偏向薄侧板料，即薄板侧比例越小而厚板侧比例越大，从而薄板侧的拉伸变形减小而厚板侧的变形增大，这样两者的变形程度趋于一致，则薄板侧盒形件底部的过渡区移动量降低，因此将过渡区放置于薄侧能够更好地控制盒形件底部过渡区的移动；过渡区位置越接近于板料中心，法兰以及侧壁过渡区的移动量越小，因此应将过渡区置于板料中心或略微偏向薄板侧以抑制法兰以及侧壁过渡区的移动。

图 4.43 为厚度应变随过渡区位置的变化趋势曲线。由图 4.43 可知，随着过渡区位置偏向于厚板侧，即薄板侧比例逐渐增大，过渡区的最大厚度应变呈现出逐渐减小的趋势；而零件的最大厚度应变则是先减小后增大，当过渡区处于板料中心时取得最小值；发生最大厚度应变的部位由过渡区法兰部位逐渐转移到薄侧板料的法兰部位。

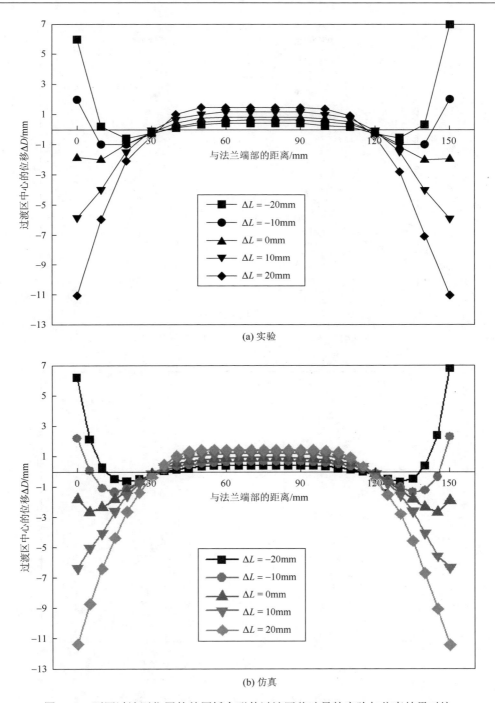

图 4.40　不同过渡区位置的差厚板盒形件过渡区移动量的实验与仿真结果对比

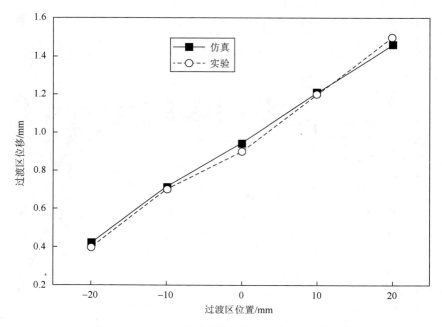

图 4.41 过渡区位置对底部过渡区移动量的影响

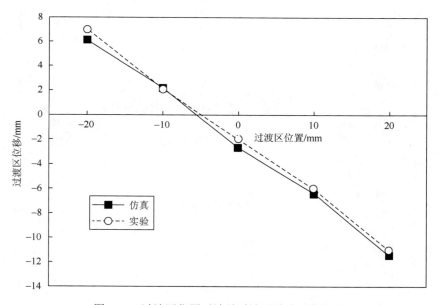

图 4.42 过渡区位置对法兰过渡区移动量的影响

综上所述,在满足减薄率的前提下,为了更好地控制过渡区的移动,抑制零件的起皱,应该优先选用厚度过渡区位于板料中心($\Delta L = 0$mm)的差厚板。

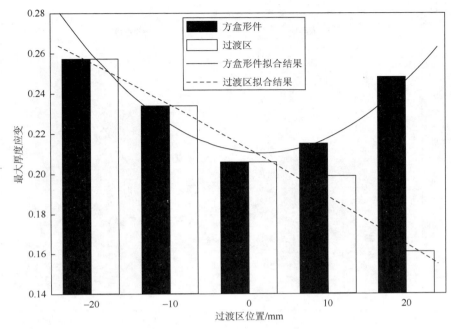

图 4.43　过渡区位置对厚度应变的影响

4.4.7　板料尺寸对差厚板拉深成形性能的影响

板料尺寸是影响零件成形质量的重要因素[179]。尺寸合理的板料，可以改善拉深成形过程中材料的流动状态，抑制破裂、起皱等缺陷的出现，提高拉深件的质量。分别对板料尺寸为 150mm×150mm，160mm×160mm，170mm×170mm 和 180mm×180mm 的差厚板盒形件的拉深成形性能进行研究，研究结果如图 4.44～图 4.46 所示。

成形参数：过渡区长度为 20mm，位于板料中心；板料厚度为 1.2mm/2.0mm；采用压边力类型 1，薄侧压边力为 4t，厚侧压边力为 2t。

由图 4.44 可以知道，随着板料尺寸的增大，差厚板盒形件的减薄率增大。这是由于板料越大，成形过程中材料流动的阻力也随之增大，进而导致板料内部的拉应力增大，板料厚度明显减薄。另外，板料尺寸越大，其内部存在的缺陷越多，随着变形过程的进行，缺陷不断扩展，这也将会导致板料提前发生破裂。因而通常情况下会优先采用尺寸较小的板料，一方面可以节约板材，更重要的是可以获得更好的成形性能。

从图 4.45 和图 4.46 可以看出，板料尺寸越大，过渡区移动量也越大。这是因为板料的尺寸越大，薄厚两侧的面积均增大，承受的凸模力也增大，而薄侧由于屈服强度更低，产生更大的变形而向凹模中流入更多的材料，薄厚两侧变形的不

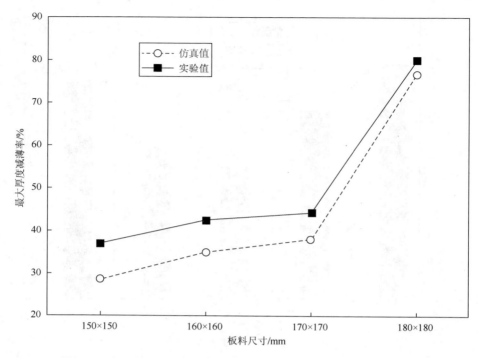

图 4.44 不同板料尺寸的差厚板盒形件厚度减薄率的实验与仿真对比

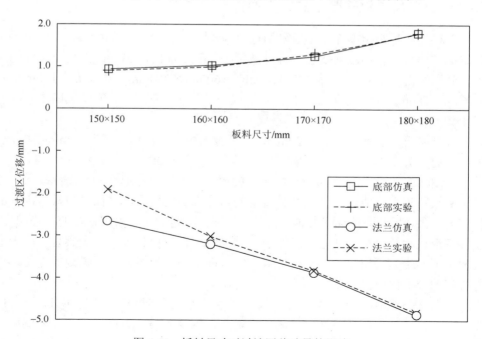

图 4.45 板料尺寸对过渡区移动量的影响

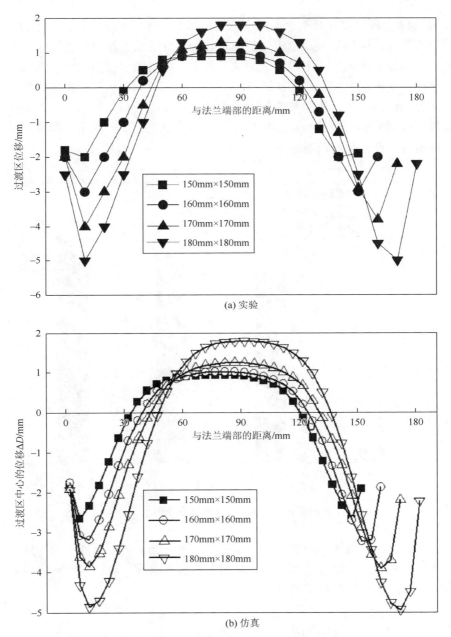

图 4.46 不同板料尺寸的差厚板盒形件过渡区移动量的实验与仿真对比

均匀性加剧,进而导致过渡区移动量的增大。因此,无论从控制过渡区移动的角度,还是从节约材料的角度,都应该在满足工艺要求的前提下,尽可能选用较小尺寸的轧制差厚板。

图 4.47 为板料尺寸对差厚板厚度应变的影响。由图 4.47 可知，零件的最大厚度应变值与过渡区的最大厚度应变值相等，即零件的最大厚度应变发生于厚度过渡区，具体位置应该是位于过渡区的法兰部分，并且随着板料尺寸的增大，厚度应变值逐渐增加。当板料尺寸超过 160mm×160mm 时，板料会发生比较严重的起皱现象。原因在于，板料尺寸越大，则厚度过渡区的移动量越大，过渡区部分的板料与模具的贴合性变差，沿板料厚度方向上受到更小的约束，厚度应变值增大，进而容易产生失稳起皱。

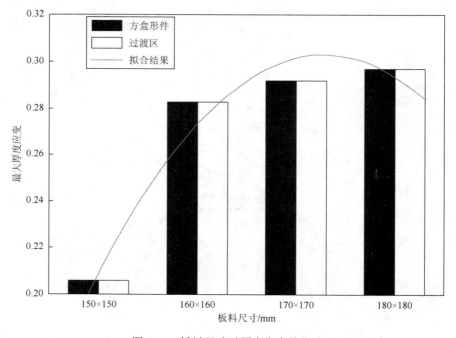

图 4.47 板料尺寸对厚度应变的影响

综上所述，选用较小的板料尺寸（150mm×150mm）不仅能够很好地抑制起皱、破裂、过渡区移动等成形缺陷，从而获得优良的差厚板拉深成形性能，还能够节省材料，实现零件重量的减轻。

4.5 改善差厚板盒形件拉深成形性能的途径

4.5.1 抑制起皱的措施

对于差厚板盒形件，薄板侧法兰区以及过渡区法兰部分是褶皱缺陷的易发区，当厚板侧压边力过小时,厚侧法兰部分也有可能产生褶皱。综合以上对于差厚板起皱缺陷影响因素的分析,为了抑制差厚板盒形件起皱现象的发生,可以考虑采用以下措施。

(1) 采用分块压边圈和与差厚板型面相适应的阶梯状模具间隙调整板,继而补偿薄侧板料与模具之间的间隙,更好地限制板料沿厚度方向上的变形。

(2) 采用恒定类型的压边力,对于提高差厚板的抗皱性是非常有利的。

(3) 在保证零件不产生破裂和较大的厚度过渡区位移的前提下,采用较大的压边力并且确保薄、厚侧压边力的合理匹配(在薄板侧施加比厚板侧更大的压边力),能够抑制整块差厚板,尤其是薄板侧的起皱,充分发挥板料的成形性能。

(4) 选用具有较小的板料尺寸、较大或较小的板厚差、较短的过渡区以及过渡区位于板料中心的板料可以提高差厚板的抗皱性,减小差厚板发生起皱的可能性。

4.5.2 限制破裂的方法

对于差厚板盒形件,容易发生破裂的部位是盒形件底部和侧壁。为了抑制差厚板盒形件破裂现象的发生,可以考虑采取以下措施。

(1) 零件发生底裂通常是由于板料的成形性能不足,这时需要增加板料的厚度,尤其是薄板侧的厚度,以提高零件的抗破裂性。

(2) 零件发生壁裂,则主要是由于压边力的大小不适合,这时就需要对压边力进行调整,采用大小适中且薄板侧略大于厚板侧的压边力。

(3) 退火处理能够提高轧制差厚板方盒形件的成形极限,防止破裂现象的提早发生,而且板厚差越大、板料尺寸越小,退火对于提高差厚板成形极限的作用越明显。

(4) 采用不随时间变化只随位置变化的压边力对于获得较好的成形性能比较有利,能够抑制厚度的过分减薄。

(5) 在满足工艺要求的前提下,尽量采用较小的板料尺寸和厚度差、较大的过渡区长度,并使过渡区长度尽可能偏向差厚板的薄侧,以防止破裂现象的出现。

(6) 为了防止破裂现象的发生,还可以考虑采用减小整体压边力、改善润滑条件、增大凹模圆角半径等方法。

4.5.3 减小过渡区位移的途径

对于差厚板盒形件,底部过渡区向厚板侧移动,法兰过渡区向薄板侧移动,可以通过以下方法来限制过渡区的移动。

（1）采用分块压边圈和与差厚板型面相适应的阶梯状模具间隙调整板，并且在薄板侧施加比厚板侧更大的压边力对于抑制过渡区移动有较好的效果。

（2）在满足实际工艺要求的前提下，减小差厚板的厚度差以及板料尺寸，增加过渡区长度，并使得过渡区尽可能接近板料中心均可以减小过渡区位移，提高差厚板的成形性能。

4.6 本章小结

本章介绍了差厚板盒形件的拉深成形机理，分析了差厚板盒形件的应力状态，总结了差厚板盒形件的变形特点。本章还探讨了差厚板盒形件在成形过程中产生的起皱、破裂、过渡区移动等缺陷的发生机理，确定了缺陷发生的位置，并给出了缺陷问题的解决措施。对具有不同厚度差、不同板料尺寸的差厚板在退火前后的拉深极限进行了对比，探讨了退火工艺对于提高差厚板拉深成形性能的作用。并以厚度减薄率、厚度应变和过渡区移动量为评价标准，分别讨论了压边力类型、压边力值、板料厚度差、过渡区长度、过渡区位置、板料尺寸等因素对轧制差厚板盒形件拉深成形性能的影响。最后，给出了改善差厚板盒形件拉深成形性能的途径。通过研究，本章得到以下结论。

（1）差厚板盒形件在变形过程中的最大特点就是不均匀性，圆角部位、薄板侧在变形速度、应力以及变形方面分别大于直边部位、厚板侧。

（2）差厚板盒形件通常会在薄侧的法兰部位或者过渡区的法兰部位发生起皱，当厚侧压边力过小时，厚板侧的法兰部位也可能产生褶皱，可以通过采用阶梯状模具间隙调整板、分块压边圈以及薄厚侧板料压边力的合理匹配来抑制起皱现象的发生。

（3）差厚板盒形件一般在薄侧的圆角或者侧壁区域首先发生破裂，可以通过对薄侧板料采取减小压边力、改善润滑条件、增大凹模圆角半径等措施来防止破裂现象的出现。

（4）退火处理能够提高轧制差厚板盒形件的成形极限，而且板厚差越大、板料尺寸越小，退火对于提高差厚板成形极限的作用越明显。

（5）对于差厚板盒形件，底部过渡区向厚板侧移动，法兰过渡区向薄板侧移动，可以通过增大薄板侧的压边力来限制过渡区的移动。

（6）采用恒定压边力类型对于获得较好的成形性能比较有利，而且实现起来相对容易，薄侧 4t、厚侧 2t 的压边力对于控制厚度减薄率、防止褶皱缺陷发生以及抑制过渡区移动都有较好的效果。

（7）差厚板盒形件的厚度减薄率和过渡区移动量与板料厚度差、板料尺寸成正比，与过渡区长度成反比。

（8）过渡区位置越偏向薄侧，差厚板盒形件的减薄率越小；过渡区位置越接近板料中心，过渡区的综合移动量越小。

（9）选用具有较小的板料尺寸、较大或较小的板厚差、较短的过渡区以及过渡区位于板料中心的板料可以提高差厚板的抗皱性，减小差厚板发生起皱的可能性。

第 5 章 轧制差厚板纵向弯曲成形技术研究

冲压成形过程结束后,板材内部诱发残余应力,该残余应力与模具的接触应力相平衡。当模具上行,成形零件从模具中脱离时,局部残余应力被释放,板材将会试图恢复到初始形状,寻找新的平衡位置,从而产生反向弹性变形,导致零件的最终尺寸与理想尺寸之间存在一定的偏差,这种现象称为回弹。回弹是板料成形过程中普遍存在的问题,特别是在弯曲成形工序中尤为严重,使得工件的几何精度降低。随着工业的发展,冲压件应用越来越广,其成形精度要求越来越高,回弹问题越来越成为成形中的主要问题[180]。

U 型冲压件是一种典型的冲压加工零件,回弹是其主要缺陷。U 型零件由于变形比较简单,材料的塑性变形很不充分,更多的材料处于弹性变形状态。当外力去除后,零件在本身残余应力和弹性恢复力的作用下发生较大的回弹。汽车冲压件中有许多类 U 型件,如各种横梁、纵梁、支架等,由回弹引起的形状和尺寸偏差会严重影响整车的装配精度,准确预测这些零件的回弹意义重大。

然而,对于普通等厚度板来说,回弹的预测从来都是非常棘手的问题。回弹的过程并不能简单地理解成弹性卸载过程,对于一个工件,所有的节点不可能同时处于卸载状态,卸载过程可能还伴有局部加载过程,计算时应采用弹塑性非线性计算方法。再加上回弹是成形的最后一步,成形过程模拟中产生的任何误差都会积累到回弹计算阶段,其难度远大于成形过程的计算。因此,回弹问题成为板料成形数值模拟领域的一个难点,长期以来一直没有一种很好的计算方法来精确计算回弹量。

而对于具有不等厚度的轧制差厚板来说,回弹的准确预测更是一件相当困难的事情。差厚板自身的结构特点使得回弹不仅受制于等厚度侧,同时还受到板料几何参数的影响。板厚差对轧制差厚板的回弹有着很大的影响,不同的板厚决定了板料各部分的塑性成形抗力不同。通常,板厚相差越悬殊,性能差异也就越大,材料的流动情况也就越复杂。因此,除了受模具间隙、摩擦系数、压边力等常规工艺参数的影响,差厚板的回弹还与薄厚两侧板料的性能差异(主要由板厚差体现)、过渡区的尺寸和位置等差厚板特有的几何参数有关。另外由于经过轧制,差厚板内部,尤其是薄侧会产生较大的残余应力,这将会导致差厚板零件的回弹量增大。加之差厚板薄厚两侧板料的性能差异,成形后差厚板零件各部分的回弹量大小也不同，进而卸载后薄、厚侧之间相互制约，这些均会使差厚板零件的回弹问题变得更加复杂。正因为此，回弹成为差厚板冲压成形过程中除破裂、起皱和过渡区移动外，又一种普遍存在且严重影响冲压件质量的缺陷。特别是在弯曲成形过程中，回弹现象尤为显著。因此，对差厚板 U 型零件的弯曲回弹进行精确预测是十分困难的，但却是十分必要的，能够为实际生产提供较好的理论指导以及工艺参考。

5.1 弯曲回弹理论

5.1.1 回弹机理

弹塑性弯曲时，当金属板料内、外表面材料进入塑性变形状态时，应力中性层附近总会有一部分材料由于应力小于屈服强度而处于弹性变形状态，这样板料便沿厚度方向被依次划分为塑性变形区、弹性变形区和塑性变形区，如图 5.1 所示。由于金属板料在发生塑性变形前总是会首先经历弹性变形，因此即使内、外层材料全部进入塑性变形状态，卸载后也不可避免地会发生回弹现象。

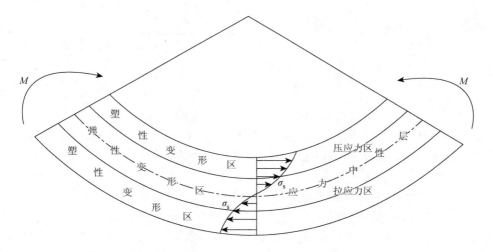

图 5.1 弹塑性弯曲过程中切向应力及变形区域分布

冲压件成形以后脱离模具时均会发生回弹变形，只是变形的程度不同而已。对于弯曲类零件，回弹尤为显著，具体有以下几个方面的原因：①弯曲变形时内、外层应力性质相反，卸载后弹复方向一致，故而弯曲件形状、尺寸变化大；②弯曲加工不像拉深、翻边等工序那样为封闭型冲压，而呈非封闭状态，故而相互牵制少，易于造成大的弹性回复；③弯曲加工中变形区小，非变形区大，大面积的非变形区对小面积变形区的牵连影响，使得小面积的变形区很难达到纯塑性弯曲状态。

正是由于以上几个方面原因，弯曲回弹比其他成形工艺发生更严重的回弹，非常具有典型性，所以本书主要论述弯曲回弹的机理。

1. 弯曲变形过程中的应力变化

由于弯矩 M 的作用，板料内层材料受压应力的作用而发生压缩变形，板料外层受拉应力的作用而发生伸长变形，变形过程中的应力分布如图 5.2 所示。随着弯矩的增大，弯曲变形程度也逐渐加剧，板料从弹性变形逐步过渡到塑性变形，可分为以下三个阶段。

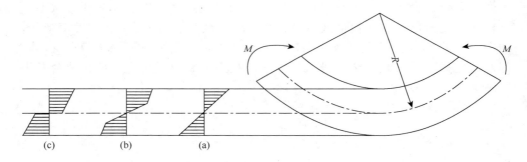

图 5.2　弯曲变形过程中的应力变化

（1）弹性变形阶段。在板料弯曲过程的开始阶段，弯矩 M 较小，变形区内、外表面的应力远小于材料的屈服强度，板料内部仅产生弹性变形，如图 5.2（a）所示。如果这时移去弯矩，则弹性变形会完全恢复，板料发生极大的回弹。

（2）弹塑性变形阶段。随着弯曲力矩的增大，板料内、外表面的材料由弹性变形状态向塑性变形状态转化，并且塑性变形状态逐渐向应力中性层扩展，如图 5.2（b）所示。此时，板料一部分区域进入了塑性变形状态，但仍然还有中性层附近的部分区域处于弹性变形状态。因此，由于弹性变形区以及塑性变形区内弹性变形成分的存在，如果此时发生卸载，仍会产生较严重的回弹。

（3）塑性变形阶段。当相对弯曲半径很小时，板料发生很大的变形，可以近似地认为整个板料内部的材料均发生屈服，板料进入纯塑性变形阶段，其应力状态如图 5.2（c）所示。此时如果发生卸载，只有塑性变形区内的弹性部分会引起一定的回弹，但是回弹量较小，回弹现象不再突出。

2. 卸载回弹过程中的应力变化

板料在塑性弯矩作用下发生纯塑性弯曲，截面上的切向应力分布如图 5.3 所示。卸载时对板料施加一个假想的弹性弯矩 M_e，其大小与塑性弯矩 M_p 相等，而方向相反，M_e 和 M_p 在截面内引起的切向应力分布分别如图 5.3（a）、图 5.3（b）所示。两者的合应力就是板料卸载后内部的残余应力，它也是板料发生弯曲卸载回弹的主要原因，在截面内由外层向内层按压、拉、压、拉的顺序变化，如图 5.3（c）所示。图 5.4 给出了弹塑性弯曲变形卸载时板料截面内的切向应力分布，它的分析与图 5.3 类似，这里就不再赘述。

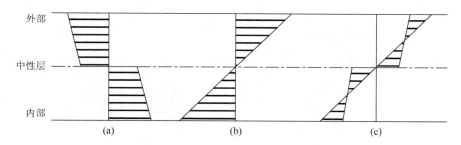

图 5.3　纯塑性弯曲变形卸载过程中板料截面内的切向应力

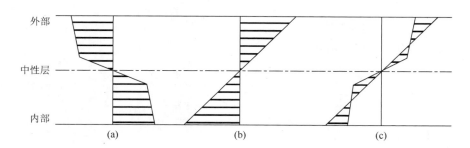

图 5.4　弹塑性弯曲变形卸载过程中板料截面内的切向应力

5.1.2　回弹的力学分析

回弹的力学解析模型如图 5.5 所示。为了研究方便，做如下假设。

（1）弹性卸载。

（2）平面应变。

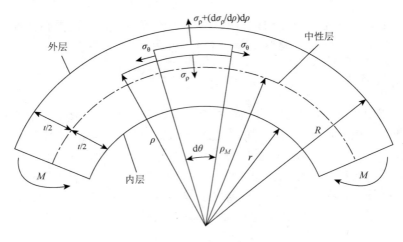

图 5.5 回弹分析模型

（3）应变中性层不发生移动。

在平面应变状态下，对于板料的弯曲卸载过程，存在以下关系式：

$$\Delta M = \left(\frac{1}{\rho'_M} - \frac{1}{\rho_M}\right)EI = \left(\frac{1}{\rho'_M} - \frac{1}{\rho_M}\right)\frac{Ebt^3}{12(1-\mu^2)} \tag{5.1}$$

由式（5.1）可得

$$\rho'_M = \frac{EI\rho_M}{EI - M\rho_M} \tag{5.2}$$

若等效应力 $\bar{\sigma}$ 保持恒定：

$$\bar{\sigma} \approx K\left(\frac{1+r}{\sqrt{1+2r}}\right)^n \left(\frac{t}{2\rho_M}\right)^n \tag{5.3}$$

则加载的弯矩为

$$M = \frac{1+r}{\sqrt{1+2r}}\frac{\bar{\sigma}}{1+n}\frac{bt^2}{4} = K\left(\frac{1+r}{\sqrt{1+2r}}\right)^{1+n}\left(\frac{bt^2}{4(1+n)}\right)\left(\frac{t}{2\rho_M}\right)^n \tag{5.4}$$

式中，E 为弹性模量；I 为截面惯性矩；μ 为泊松比；b 为板料宽度；t 为板料厚度；M 为卸载前的弯矩；ΔM 为回弹前后的弯矩之差，等于 $-M$；ρ_M、ρ'_M 为卸载前后应变中性层的曲率半径；r 为厚向异性系数；n 为硬化指数；K 为强化系数。

由于是弹性卸载，利用 $\Delta M = -M$ 可以得到

$$\frac{1}{\rho_M} - \frac{1}{\rho'_M} = K\left(\frac{1+r}{\sqrt{1+2r}}\right)^{1+n} \left[\frac{3(1-\mu^2)}{tE(1+n)}\right]\left(\frac{t}{2\rho_M}\right)^n \tag{5.5}$$

又因为应变中性层的长度在卸载过程中是不变的，即存在：

$$\rho_M \theta = \rho'_M \theta' \tag{5.6}$$

因此可以得到回弹角以及回弹比为

$$\Delta\theta = \theta - \theta' = \theta - \frac{\rho_M}{\rho'_M}\theta = \left(1 - \frac{EI - M\rho_M}{EI}\right)\theta = \left[\left(\frac{1}{\rho_M} - \frac{1}{\rho'_M}\right)\bigg/\left(\frac{1}{\rho_M}\right)\right]\theta \tag{5.7}$$

$$\frac{\Delta\theta}{\theta} = K\left(\frac{1+r}{\sqrt{1+2r}}\right)^{1+n}\left[\frac{3(1-\mu^2)}{2E(1+n)}\right]\left(\frac{t}{2\rho_M}\right)^{n-1} \tag{5.8}$$

式中，θ、θ' 为回弹前后的中心角。由式（5.7）和式（5.8）可知：材料弹性模量 E、板料截面惯性矩 I、硬化指数 n、板料厚度 t、泊松比 μ 与回弹量大小成反比；强化系数 K、厚向异性系数 r、曲率半径 ρ_M 与回弹量大小成正比[181]。

5.2　差厚板的塑性弯曲回弹

以上分析的是等厚度板的回弹基本理论，基于上述基本理论，来讨论差厚板的回弹问题。

当板料的宽度达到一定值后，过渡区尺寸相对于整个板料的尺寸而言变得很小，这时可以忽略过渡区对差厚板弯曲回弹的影响[182]。所以差厚板弯曲回弹分析模型不考虑过渡区，假设模型为两块厚度不同的板料的几何联结，并且板料的几何中心相重合，从而减少差厚板弯曲过程中板料中性层的转动给分析问题带来的困难。差厚板弯曲回弹的简化模型如图 5.6 所示，分析模型假设板 1 和板 2 的宽度相等，b 为各板的宽度，M 为弯矩。弯曲过程在凸模和凹模中进行，为自由弯曲，板料厚薄二边与模具接触并为自然接触状态，不施加附加外力。差厚板所用板料为各向同性，具有加工硬化特性。

由于影响回弹的因素错综复杂，为了分析问题方便，作如下合理假设：板料变形前后遵循 Euler-Bernoulli 平断面假定，差厚板只有弯矩的作用，为纯弯曲；板料宽度方向的变形忽略不计，变形区为平面应变状态；变形区的等效应力和等效应变之间的关系与单向拉伸时应力应变关系完全一致。

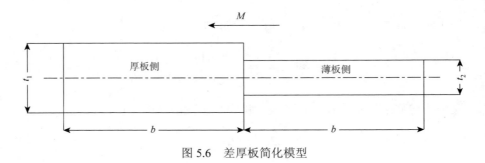

图 5.6 差厚板简化模型

5.2.1 差厚板弯曲回弹前后的曲率变化

由式（5.1）可知：

$$\Delta k = \left(\frac{1}{\rho_M} - \frac{1}{\rho_M'}\right) = \frac{M}{EI} \tag{5.9}$$

根据图 5.5，结合材料力学的相关知识，差厚板的截面惯性矩 I 可表示为

$$I = \frac{b(t_1^3 + t_2^3)}{12} \tag{5.10}$$

加载的弯矩 M 为

$$M = \left(\frac{2}{\sqrt{3}}\right)^{n+1} \frac{bK}{n+1} \left[S_1^{n+1} \left(\frac{4n+6}{n+2} S_1 \rho_{\sigma 1}^2 - \frac{R_1^2 - r_1^2}{2}\right) + S_2^{n+1} \left(\frac{4n+6}{n+2} S_2 \rho_{\sigma 2}^2 - \frac{R_2^2 - r_2^2}{2}\right) \right] \tag{5.11}$$

式中

$$S_1 = \ln\frac{R_1}{\rho_{\sigma 1}} = \ln\frac{\rho_{\sigma 1}}{r_1} = \ln\sqrt{\frac{R_1}{r_1}} = \frac{1}{2}\ln\left(1 + \frac{t_1}{r_1}\right) \tag{5.12}$$

$$S_2 = \ln\frac{R_2}{\rho_{\sigma 2}} = \ln\frac{\rho_{\sigma 2}}{r_2} = \ln\sqrt{\frac{R_2}{r_2}} = \frac{1}{2}\ln\left(1 + \frac{t_2}{r_2}\right) \tag{5.13}$$

将式（5.10）和式（5.11）代入式（5.9）中，整理得到

$$\Delta k = \left(\frac{2}{\sqrt{3}}\right)^{n+1} \frac{12}{(t_1^3 + t_2^3)} \frac{(1-\mu^2)K}{E(n+1)} \left[S_1^{n+1}\left(\frac{4n+6}{n+2} S_1 \rho_{\sigma 1}^2 - \frac{R_1^2 - r_1^2}{2}\right) \right.$$

$$\left. + S_2^{n+1}\left(\frac{4n+6}{n+2} S_2 \rho_{\sigma 2}^2 - \frac{R_2^2 - r_2^2}{2}\right) \right] \tag{5.14}$$

式中，ρ_σ 为应力中性层半径；下标 1、2 分别为差厚板的厚侧和薄侧；其他参数详见图 5.5 和图 5.6。这样，通过式（5.14）就可以求得差厚板弯曲变形前后的曲率半径。

5.2.2 差厚板弯曲角度回弹量

根据式（5.7）可以得到差厚板弯曲回弹后的弯曲回弹角 $\Delta\theta$，即

$$\Delta\theta = \theta - \theta' = \theta - \frac{\rho_M}{\rho'_M}\theta = \theta\rho_M\Delta k \tag{5.15}$$

将式（5.15）稍加变化，便可以获得弯曲回弹比：

$$\frac{\Delta\theta}{\theta} = \rho_M\Delta k \tag{5.16}$$

将式（5.14）代入式（5.15）和式（5.16），则差厚板弯曲回弹角度回弹量和回弹比可分别表述为

$$\Delta\theta = \theta\rho_M\Delta k = \left(\frac{2}{\sqrt{3}}\right)^{n+1}\frac{12}{(t_1^3+t_2^3)}\frac{(1-\mu^2)K}{E(n+1)}\theta\rho_M\left[S_1^{n+1}\left(\frac{4n+6}{n+2}S_1\rho_{\sigma 1}^2 - \frac{R_1^2-r_1^2}{2}\right)\right.$$
$$\left. + S_2^{n+1}\left(\frac{4n+6}{n+2}S_2\rho_{\sigma 2}^2 - \frac{R_2^2-r_2^2}{2}\right)\right] \tag{5.17}$$

$$\frac{\Delta\theta}{\theta} = \rho_M\Delta k = \left(\frac{2}{\sqrt{3}}\right)^{n+1}\frac{12}{(t_1^3+t_2^3)}\frac{(1-\mu^2)K}{E(n+1)}\rho_M\left[S_1^{n+1}\left(\frac{4n+6}{n+2}S_1\rho_{\sigma 1}^2 - \frac{R_1^2-r_1^2}{2}\right)\right.$$
$$\left. + S_2^{n+1}\left(\frac{4n+6}{n+2}S_2\rho_{\sigma 2}^2 - \frac{R_2^2-r_2^2}{2}\right)\right] \tag{5.18}$$

假设在弯曲成形过程中，差厚板薄侧和厚侧应力中性层的初始位置与移动速度相同，有

$$\rho_{\sigma 1} = \rho_{\sigma 2} = \rho_\sigma \tag{5.19}$$

因此，式（5.17）和式（5.18）可分别简化为

$$\Delta\theta = \theta\rho_M\Delta k = \left(\frac{2}{\sqrt{3}}\right)^{n+1}\frac{12}{(t_1^3+t_2^3)}\frac{(1-\mu^2)K}{E(n+1)}\theta\rho_M\rho_\sigma^2\left[S_1^{n+1}\left(\frac{4n+6}{n+2}S_1 - \frac{R_1^2-r_1^2}{2\rho_\sigma^2}\right)\right.$$
$$\left. + S_2^{n+1}\left(\frac{4n+6}{n+2}S_2 - \frac{R_2^2-r_2^2}{2\rho_\sigma^2}\right)\right] \tag{5.20}$$

$$\frac{\Delta\theta}{\theta} = \rho_M \Delta k = \left(\frac{2}{\sqrt{3}}\right)^{n+1} \frac{12}{(t_1^3 + t_2^3)} \frac{(1-\mu^2)K}{E(n+1)} \rho_M \left[S_1^{n+1} \left(\frac{4n+6}{n+2} S_1 \rho_{\sigma 1}^2 - \frac{R_1^2 - r_1^2}{2} \right) \right.$$

$$\left. + S_2^{n+1} \left(\frac{4n+6}{n+2} S_2 \rho_{\sigma 2}^2 - \frac{R_2^2 - r_2^2}{2} \right) \right] \tag{5.21}$$

通过式（5.20）和式（5.21）便可以分别求得差厚板弯曲回弹角的变化量以及回弹比，可以知道，差厚板的薄厚板侧的力学性能参数、板料的几何参数以及成形工艺参数均会对其弯曲回弹量造成影响，需要在后续研究中进一步分析。

5.3 回弹数值仿真精度的影响因素

回弹分析的结果与用户使用水平关系很大，有的用户分析结果精度可达 70%以上，而有的用户分析得到的回弹趋势都是错误的。为提高回弹预测的精度，一方面需要提高成形计算的精度，同时考虑整个变形历史的累积对回弹计算的影响，另一方面需要注意计算时控制参数的处理。影响回弹数值仿真精度的因素较多，除了在第 2 章已经讨论过的有限元算法，还有以下一些因素会对回弹仿真精度造成较大影响。

5.3.1 板料网格单元及网格尺寸

在处理弯曲问题时要考虑切向应力和应变沿厚度的分布，采用薄膜有限元法，明显不足。体单元和壳单元都能较好地处理弯曲问题，但体单元的计算量很大，因此采用壳单元是非常合适的。Huhges-Liu（HL）薄壳单元和 Belytschko-Tsay（BT）壳单元是模拟板料成形中应用非常广泛的两种壳单元。HL 单元是从三维实体退化而来的壳单元，具有很高的计算精度，缺点是计算量大，计算时间长。而 BT 壳单元采用了基于局部坐标系的计算方法，计算效率很高，时间短，而计算精度也比较好。所以在成形模拟中可以选用 BT 壳单元，以获得较高的计算效率。但在模拟回弹时，为了分析精确及避免收敛问题，需采用全阶积分单元。全阶积分 Belytschko-Tsay 膜单元采用单元面内四点积分，避免了沙漏变形，用于回弹模拟时比 BT 壳单元多耗时 30%左右，但精度要高于 BT 壳单元。

网格处理的另外一个重要问题就是网格的划分。在网格划分过程中，网格的形状、尺寸与位置都是需要考虑的问题。冲压成形过程中，坯料是典型的大变形构件，必须采用精细的网格模型，单元形状尽量采用矩形单元，至少要保证采用四边形单元。在坯料单元划分时，由于三角形单元在计算中刚度偏高，所以一般都选用四边形单元，只有边界不规则处为三角形单元。工具网格划分时，曲率较小的曲面多为四边形单元，曲率变化较大的地方及曲面过渡处多为三角形单元。之所以用这种方式，是因为工具在计算中作为刚体，本身不变形，只用于和坯料的接触判断，使用三角形单元能够更好地贴合工具曲面，从而更好地描述工具的几何形状。

板料网格尺寸直接影响仿真计算的时间和精度[183]。较小的网格尺寸在模拟成形工序时比较耗费时间，但是回弹工序的模拟精度能够得到保障。然而，也并不是网格尺寸越小越好，通常当网格尺寸为模具圆角半径的 1/3～1/2 时，回弹模拟结果最接近实际情况。另外，回弹量与网格尺寸成反比，即随着网格尺寸的减小，回弹量增大；随着网格尺寸的增大，回弹量减小，甚至可能出现负回弹。

模具的网格模型应该能够精确地描述模具表面的几何形状，特别是模具圆角处。因为板料流经模具圆角处时会发生强烈的弯曲变形，而造成零件回弹的主要原因是由弯曲变形导致的板料厚度方向上应力分布不均，圆角处成形的模拟精度对整个应力场的精度影响最大，是影响回弹计算结果至关重要的因素。因此，基于计算精度和计算效率的考虑，在保证精度的前提下，力求采用较少的单元数目，一般是在型面变化平缓的地方划分较大、稀疏的单元，而在那些变化剧烈的地方划分细密的网格，如在模具的 90°圆角处，一般至少保持 5 个单元以上，计算回弹时，应划分得更为细致。此外，大多数回弹计算的精度差是成形过程中的问题造成的，成形阶段的每一个误差都会累积到回弹计算中。成形计算时单元尺寸大了，就会影响回弹精度和回弹补偿的计算，单元尺寸大会造成单元翘曲，会使回弹补偿计算跳出。并且修边计算对回弹计算也有一定的影响，修边计算的单元公式和厚向积分点一般要求和成形计算一致。

5.3.2 虚拟凸模速度

对于一个动力学过程而言，外力所做的功等于系统的内能、动能、弹性能与阻尼能以及摩擦能之和。然而，薄板成形过程实际上是一个准静态的过程，所以在成形模拟中必须注意减小由动力显式算法所带来的动力效应。虚拟凸模速度是引起动力效应的两个主要因素之一，会影响零件主要变形区的切向力分布，从而对卸载回弹产生重大影响。

应用动力显示算法模拟成形过程时，为了提高计算效率，常常在保持最小时间步长不变的情况下将虚拟凸模速度放大，通过减少计算所需的时间步数来达到节约计算时间的目的。通常,成形模拟时的虚拟凸模速度越小,回弹的模拟精度越高[184]。然而,过小的虚拟凸模速度会导致计算效率过于低下。可以考虑采用系统动能与应变能的比值 r 来作为这种影响的评价指标,当 $r<5\%$ 时回弹的模拟精度是可以接受的。

5.3.3 厚向积分点数目

对于回弹模拟而言,成形过程中弯曲应力场的模拟至关重要。成形过程中对弯曲应力场模拟的准确与否将会对最终回弹的预测精度产生极大的影响。由于板料厚度方向抗弯刚度最小,因此,板料沿厚度方向的变形也最为剧烈,非线性程度也最高,沿厚度方向应力应变场模拟就成为一个关键。从某种程度上来说,只有沿板料厚向弹性变形能的计算准确了,回弹模拟才有意义。

为了提高弯曲应力的模拟精度,适当地增加板料厚度方向的高斯积分点是一个有效途径。高斯积分点越多,弯曲应力模拟得越精确。但是,计算时间和厚向积分点是呈线性关系的。当高斯积分点超过 9 个后,模拟精度并未有明显提高,相反会显著增加求解时间,通常在回弹模拟中采用 7 个高斯积分点即可[185]。因此从计算精度和时间两方面考虑,对于壳单元一般取 7 个高斯积分点为宜。

5.3.4 约束条件

进行回弹分析时,一般需要约束节点,约束条件对回弹模拟的结果有着直接的影响[186]。约束点的选择既要充分,又不能过约束,合理地选取约束点将使回弹预测更准确可信。为了消除板料的刚体位移,需要在毛坯上定义合适的约束点来消除刚体的六个自由度。对于非对称零件的回弹应用,推荐使用三点约束的回弹分析,所选择的三个节点应当互相隔开并且远离零件的边缘和较软的区域:第一点 A 点,约束整个板料的刚体位移并定义为回弹模型的参考点,一般在回弹量为零的地方选择。第二点 B 点位于 A 点的 X 方向,约束 Y、Z 方向的平动,同时相对于 A 点也消除了沿 Y、Z 方向的转动。第三点 C 点位于 A 点的 Y 方向,约束 Z 方向的平动,同时也排除了相对于 A 点沿 X 方向的刚体转动,图 5.7 为约束处理的一般几何示意图。而对称边界只需要约束两个点,即 A 点和 B 点。这里需要注意的是,约束点选择的不同,计算结果也会不同,约束点其实是回弹的参考点,因此 A 点一定要在回弹量较小的区域选择,三个点之间最好形成一个直角,且间距不能太小。

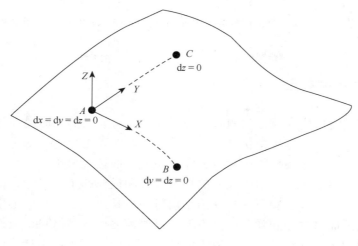

图 5.7　约束点选取

5.3.5　材料模型及参数

材料本身的力学性能是制约材料成形性能的最关键因素，只有采用能够正确模拟板料材料力学特性的材料模型，才能确保模拟分析结果的可靠性，同时材料模型的科学性对最终的应力应变场模拟精度影响较大。采用越真实全面地反映材料变形规律的材料模型，回弹的模拟精度越高，而材料参数的取值则直接影响回弹量的大小。因此使用恰当的材料模型和真实的材料力学特性参数是回弹模拟准确与否的重要因素[187]。

对于不同应用的需求，人们已经发展出了多种材料本构模型，而在板材冲压成形模拟过程中，一般只包含刚体材料模型以及弹塑性材料模型。刚体材料模型一般用于模拟模具，刚体是理想的不变形体，其材料参数不用于材料的变形计算，模拟时一般采用默认的模具钢材料。弹塑性材料则用来模拟板料，在弹塑性材料模型中，又以幂指数塑性材料模型、分段线性材料模型、厚向异性弹塑性材料模型、3 参数 Barlat 材料模型等几种模型比较适合板料的冲压成形分析。对于实际生产中的板料而言，由于在轧制加工时有织构的形成等方面的原因，板料轧制平面内与轧制方向呈不同角度方向断面上，厚向异性的大小存在差异，即各向异性，这对成形影响也较大。各项异性屈服条件中应用的比较多的有描述厚向异性的 Hill 屈服准则和正交各项异性的 Barlat 屈服准则。3 参数 Barlat 材料模型用于在平面应力状态下的各向异性弹塑性材料，此模型同时将板料的厚向异性和各向异性在成形中对屈服面的影响纳入了考虑，从而更能反映冲压成形中材料的成形极限情况及塑性流动的规律。事实上，该模型是针对薄金属成形分析（包括冲压成形）而提出的，使用该材料模型不论厚向异性系数 r 如何，都能够获得可靠的分析结果。

5.3.6 计算控制参数

在处理较复杂的非线性问题时，为保证计算可靠性的同时提高计算的收敛性，板料冲压成形过程模拟仿真一般都采用高效的动力显示算法进行求解。动力显示算法需要一定条件下才稳定，即每步的时间增量要小于临界时间步长。临界时间步长可以由程序根据输入的材料参数和板料的单元尺寸自动计算出十个最小单元的时间步长和所有单元的平均时间步长。为了提高成形模拟的精确度，尤其是后面将进行回弹分析的情况，一般需要进行网格自适应划分，由于采用最小时间步长计算稳定，但所需的计算时间较长。为减小计算量，需要人为地控制时间步长，也就是进行质量缩放。但是如此一来，将增大有限元模型惯性效应，同时还要考虑接触的稳定性，因此不可任意设置实际计算时间步长。一般情况下，应该控制质量增加百分比在 10%以内。此外，影响计算时间和精度的主要因素还有单元大小与工具速度。其同样在精度和效率上相互矛盾，目前为止只能在两者之前寻求一种平衡。经验表明板料单元一般为 8～12mm 即可保证模拟精度[188]，而虚拟冲压速度的过分加大将引起计算时的动力效应问题，成形结果可信度降低。

进行回弹模拟时，为了消除病态系统的数值舍入误差对回弹的影响，改善非线性迭代的收敛性，还常采用"人工稳定性"和"自动时间步长控制"以自动获得最准确的求解结果。对于一些复杂的回弹分析，采用一步求解往往遇到收敛问题，所以常需要进行多步回弹分析。实际上回弹过程就是残余应力的释放过程，对于收敛困难的回弹分析，希望这种过程不是一次性释放，而是人为地把它分解成几步缓慢地释放，便于迭代计算。LS-DYNA 采用的是人工稳定的方法，通过对模型加入"虚拟弹簧"来抑制回弹和改善数值模拟。把回弹过程分成几步进行，即人工加入弹簧力来约束工件的节点运动，随着求解的进行，弹簧刚度逐步降低，允许更多的回弹释放，当最后到达求解时间时，整个弹簧力也被完全移走。因此，多步回弹计算时，只有最后一步输出的回弹是正确的，前面几步都有人工效应的影响，是不正确的。人工稳定性虚拟弹簧的刚度由人工稳定性的罚因子参数 SCALE 来进行缩放，该值对回弹预测的影响很大。通过研究发现，罚因子取为 0.01 是可行的。

此外，还有一些不太常规的参数需要注意控制。如罚函数缩放因子 SLSFAC,该参数影响接触面的接触刚度，如果使用一个较大的值，接触可能过于刚硬而导致回弹计算值偏小，而如果使用一个较小的值，可能会导致较大的穿透而同样影响回弹预测。实际上，大部分依赖用户的回弹预测值的变化都与 SLSFAC 值有关。

5.4 轧制差厚板 U 型件纵向弯曲成形及回弹仿真设置

所谓纵向弯曲是指弯曲轴平行于差厚板的轧制方向，本章所建立的差厚板 U 型件纵向弯曲成形仿真模型如图 5.8 所示。

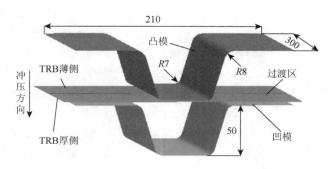

图 5.8 U 型件成形仿真模型/mm

凸模最大行程为 50mm，虚拟冲压速度为 5000mm/s。工具定义为刚体，而板料由于宽度方向尺寸远大于厚度方向尺寸，所以可以认为板料处于平面应变状态，并且遵循幂指数硬化方式和 3 参数 Barlat（1989）屈服准则。为了获得较高的回弹计算精度，在成形模拟时选择 BT 壳单元进行板料网格的划分，网格为四边形网格单元，网格单元尺寸为 4mm，厚向积分点数为 5；而在回弹仿真中，板料为全阶积分单元，板料厚向高斯积分点 7 个。板料成形模拟采用动力显示算法以提高计算效率，回弹分析则采用静力隐式算法以提高回弹预测的准确性。采用 dynain 方法来进行回弹分析，即把包含上一步成形工序求解后的节点应力、应变等信息的结果文件 dynain 作为下一步回弹工序的输入坯料来继续进行回弹相关的模拟求解。人工稳定性的罚因子取为 0.01，既能改善非线性方程迭代过程的收敛性，又能够保证回弹计算的准确性。需要注意的是，在成形模拟中，网格在求解过程中自适应划分，该技术能够在保证计算精度的前提下，极大地提高计算效率。当采用自适应网格再划分技术，即使板料单元尺寸很大，它仍然会根据计算精度的要求自动进行板料单元的合理细分，同时由于计算步长的大大增加还能够大幅度减少计算时间。而在回弹的模拟时，则需要采用网格粗化技术。该技术可以自动去除一些成形模拟后获得的微小网格而代之以粗糙的网格，这样不仅能够减少数值分析中的截断误差，从而改善回弹分析过程中非线性平衡迭代的收敛性，而且由于减小了模型的规模而节省了计算的时间，同时对回弹分析结果影响很小。

5.5 U型件回弹趋势及测量方法

图 5.9 为 U 型件回弹示意图。U 型件的板料变形过程如下：成形开始阶段，凸模下行，使得 *OA* 部分首先发生弯曲变形，板料的两端翘起并以凸模圆角为中心向中间翻转。*AB* 段在翻转过程中逐渐与凸模圆角贴合形成工件的底部圆角。当 *BC* 段进入凹模时，在凸凹模的共同作用下而被反向弯曲。*CD* 段则在以凸模圆角为中心向中间翻转过程中，逐渐与凹模圆角贴合。在成形的最后阶段，板料的 *OA*、*CD* 以及 *DE* 部分均在凹模和凸模之间被反向压平，即受到了反向弯曲。因此，在凸模上行卸载后，板料各部分便发生了图 5.9 所示的回弹趋势。

以上五部分回弹量的大小共同决定了 U 型件的最终形状。由于法兰两端的回弹量相对较大，尤其差厚板薄侧的法兰端回弹量更大。因此，本书的回弹测量位置取为法兰的边缘，并且规定朝着闭合方向的回弹为负，朝着张开方向的回弹为正，采用综合考虑竖直回弹与水平回弹的 ΔL 来度量回弹量的大小，如图 5.9 所示。

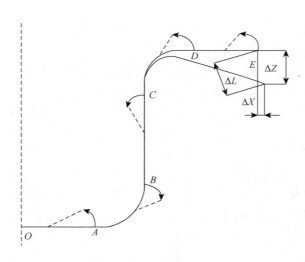

图 5.9　U 型件回弹示意图

5.6　仿真结果分析

对于差厚板 U 型件，在弯曲成形过程中，除了会产生回弹缺陷，还可能发生过渡区移动现象,一般不容易出现破裂和起皱缺陷。但是对于本章所采用的纵向弯曲成形零件来说,过渡区的位移很小,最大移动量不超过 0.4mm,因此本章不考虑过渡区的移动情况,只研究回弹问题。差厚板 U 型件成形及回弹仿真结果如图 5.10~图 5.13 所示。

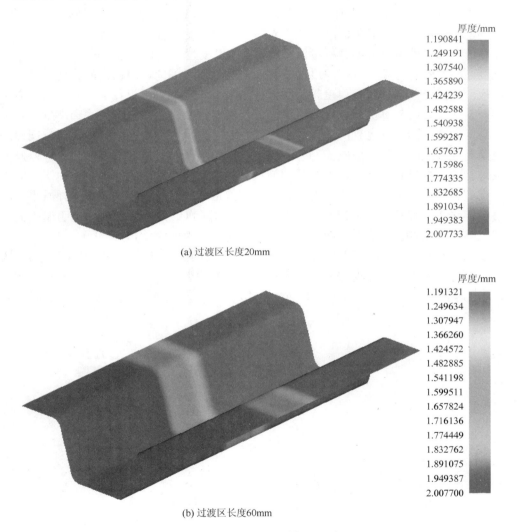

图 5.10 具有不同过渡区长度的已退火差厚板 U 型件的厚度分布

图 5.10 显示了具有不同过渡区长度的已退火差厚板 U 型件的厚度分布。由图 5.10 可以看出,对于过渡区长度为 20mm 和 60mm 的差厚板 U 型件而言,各部分的厚度变化都很小,这说明了差厚板 U 型件在成形过程中的塑

性变形也比较小，板料成形不充分，因而会产生比较严重的回弹现象。对于未退火情况，也有同样的结论，而且由于内部留有残余应力，其回弹情况可能更加严重。

图 5.11 为未退火与已退火差厚板 U 型件回弹前后的对比图。由图 5.11 可知，对于未退火差厚板 U 型件而言，沿弯曲轴方向上存在着不均匀的回弹分布，薄侧回弹量大于厚侧，过渡区的回弹量随着厚度的增大而逐渐减小。通过对 5.2 节中差厚板弯曲回弹量公式的分析可以知道，板料厚度越大，通常回弹量越小，同样，过渡区的回弹量也随着板料厚度的变化而发生改变。因此，薄板侧的回弹量大于厚板侧，过渡区部分也是厚度越小回弹量越大。然而，差厚板各部分并不是独立的而是一个有机整体，所以薄侧、厚侧以及过渡区的不同厚度部分均会产生相互作用，回弹大的部位受到回弹小的部位牵制而回弹有所减小，回弹小的部位同样也受到回弹大的部位的影响而回弹有所增大，即相对于普通等厚度板而言，差厚板薄侧的回弹量有所减小，厚侧的回弹量有所增加，过渡区的回弹量也由于不同厚度部位的相互牵制而导致厚度较大部位回弹量增加而厚度较小区域回弹减小。对于已退火差厚板 U 型件而言，薄侧与厚侧的回弹量相差不大，这说明退火处理能够减小薄侧的回弹量，并使得整块差厚板的回弹变得均匀。从图 5.11（a）和图 5.11（b）的对比还可以看出，已退火差厚板的回弹量远小于未退火差厚板。总的来看，无论对于已退火差厚板还是未退火差厚板，不同厚度部位的回弹牵制作用，导致各部分的回弹量趋向一致，尤其对于已退火差厚板这种趋势更加明显。

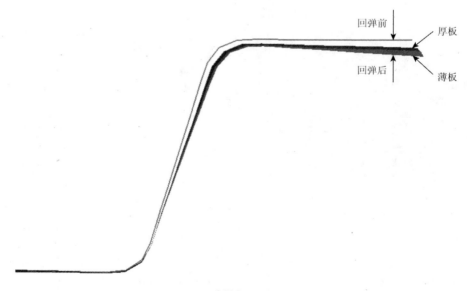

(a) 未退火

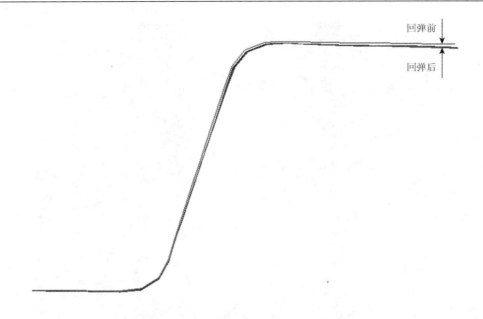

(b) 已退火

图 5.11 未退火与已退火差厚板 U 型件回弹对比

图 5.12 为差厚板 U 型件最大 von Mises 等效应力分布图，左侧为薄板，右侧为厚板。由图 5.12（a）和图 5.12（b）可以看出，对于未退火差厚板，当弯曲成形工序完成之后，卸载前薄侧部分的等效应力比厚侧部分的等效应力高得多，卸载之后，薄侧的等效应力大大下降，而厚侧部分则变化较小，整块差厚板的应力分布相对均匀。差厚板薄侧部分的加工硬化程度高，板料内部留有残余应力，其

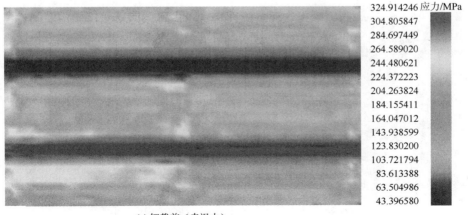

(a) 卸载前（未退火）

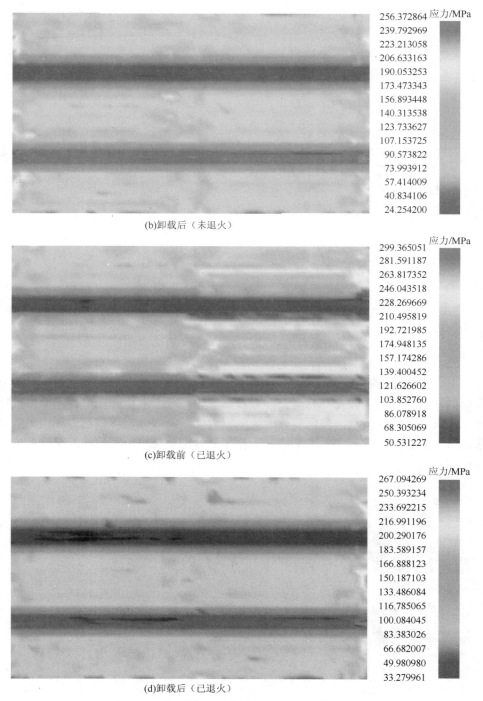

图 5.12 差厚板 U 型件最大 von Mises 等效应力

屈服强度增大，在同样的变形条件下，薄侧部分的等效应力更高，卸除载荷之后需要释放更大的残余应力。正是这种不均匀的应力分布导致了差厚板卸载后的回弹变形量不一样，薄侧部分的回弹变形要大于厚侧部分，从而产生了差厚板沿弯曲轴方向的不均匀回弹。

由图 5.12（c）和图 5.12（d）可以知道，经退火处理后，薄侧内部由于轧制而产生的残余应力已经在退火的过程中得以释放，而厚侧由于在成形过程中与模具表面贴合得更加紧密，所受到的凸模力也更大，所以在未卸载的情况下其内部的等效应力要大于薄侧。卸载之后整个差厚板零件的等效应力分布非常均匀，而卸载前后的应力差与未退火情况相比要更小，也就是说需要释放的残余应力小，这正是已退火差厚板回弹量减小的原因。

图 5.13 是差厚板 U 型件等效塑性应变的分布图，左侧为薄板，右侧为厚板。从图 5.13 中可以看出，未退火差厚板和已退火差厚板均为厚侧发生的等效塑性应变大于薄侧。对于未退火差厚板而言，厚侧的屈服应力小于薄侧，因此在同样大小的弯曲力作用下，其发生塑性变形的进程要领先于薄侧，因而产生了更大的塑性应变。而对于已退火差厚板，薄厚两侧的材料性能比较接近，但是由于厚侧与模具之间的贴合性更好，承受了更大的凸模力以及摩擦力的作用，所以成形更加充分，塑性变形也更大。从图 5.13 还可以看出，已退火差厚板的等效塑性应变大于未退火差厚板，这也解释了已退火差厚板回弹量减小的原因。

因此，通过对差厚板弯曲成形时回弹趋势以及应力应变分布状态的分析可以知道，退火处理能够极大地减小轧制差厚板的回弹量，显著提高其成形性能。

(a) 未退火

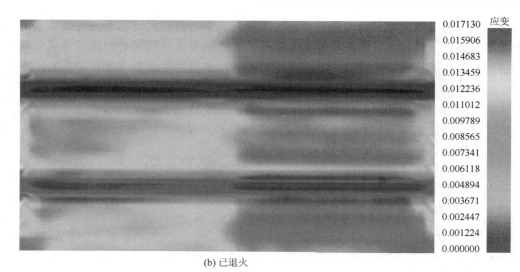

(b) 已退火

图 5.13　差厚板 U 型件等效塑性应变

5.6.1　材料性能对差厚板回弹的影响

由 5.1.2 节的分析可以知道,屈服强度 σ_s 越大、弹性模量 E 越小、硬化指数 n 越小,强化系数 K 越大,各向异性系数 r 越大,则回弹量越大。通常,弹性模量对板料回弹量的影响最大,其后依次为强化系数、屈服强度、硬化指数以及各向异性系数。图 5.14 所示为材料性能对差厚板回弹的影响,这里选用了板料成形领域常用的几种金属材料,包括低碳钢、高强钢、不锈钢以及铝合金,图 5.14 中所示的各种金属板料均经过退火处理。

由图 5.14 可以看出,无论对于差厚板还是等厚度板,按回弹量从大到小排列依次为铝合金、不锈钢、高强钢、低碳钢。原因在于,首先弹性模量对于回弹的影响最大,而铝合金的弹性模量远小于钢材,回弹量随着弹性模量的增大会相应减少,因此铝合金的回弹量要大于其他三种钢;其次,对于不锈钢、高强钢和低碳钢来说,随着其屈服强度的降低,其回弹量也依次降低。本章采用材料牌号为 SPHC 的低碳钢。

5.6.2　板料厚度对差厚板回弹的影响

在板料弯曲过程中,差厚板厚度对其弯曲性能有着较为复杂的影响[189]。由式(5.20)可以分析得到,板料厚度越大,回弹量越小。但是厚度大时变形抗力也大,又不利于减小回弹。所以板厚对于回弹大小的影响比较复杂,是多个方面综合作用的结果,难以单纯从理论上进行预测。差厚板由于沿轧制方向上厚度存

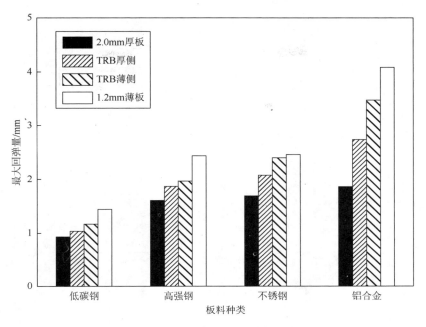

图 5.14　材料性能对回弹的影响

在变化,各处回弹的互相制约,更增加了其回弹的复杂性。因此,需要进一步探索板料厚度对差厚板回弹的影响规律,本节选取 1.2～2.0mm 不同厚度组合的差厚板作为研究对象来分析其回弹规律。

图 5.15 所示为板料厚度对差厚板回弹的影响。可以看出,随着板厚的增大,回弹减小。从变形角度分析,在相同的弯曲半径下,对于厚度大的板料,参与塑性变形的材料更多,抵抗弹性回复变形的能力也更强,成形过程中法兰边缘和直边部分产生的应力和应变大于厚度小的板料,塑性变形所占的比例较大,其弹性变形比例更小,因此回弹也较小。再从板料在凹模圆角处所受的轴向力来看,厚度大时所受的轴向力大,有利于板料的拉伸变形,从而减小回弹。

由图 5.15 还可以看出,无论是否经过退火处理,各厚度组合的差厚板回弹量均为 1.2～2.0mm 等厚板,并且差厚板薄侧回弹量小于薄等厚板的回弹量,而差厚板厚侧的回弹量大于厚等厚板的回弹量。原因在于在回弹过程中,差厚板薄侧回弹量大、厚侧回弹量小,差厚板薄厚两侧在回弹过程中会有相互制约,导致厚侧回弹量增大、薄侧回弹量减小。

综上所述,为了限制回弹,应该尽可能选用厚度较大的差厚板。然而,为了节约材料又应该尽可能地减小板厚。因此,需要在工程应用中根据实际情况来选取差厚板的厚度组合。本章选用厚度组合为 1.2mm/2.0mm 的差厚板,以达到减轻零件重量的目的。

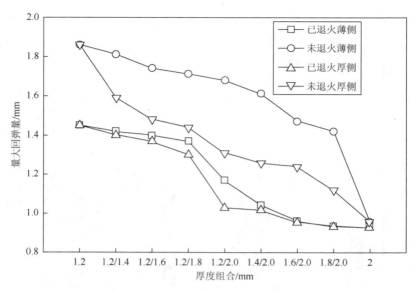

图 5.15 板料厚度对回弹的影响

5.6.3 过渡区长度对差厚板回弹的影响

过渡区长度不仅会对差厚板的拉深成形性能造成较大影响,也会对差厚板的弯曲回弹造成影响[190]。这里选取过渡区长度为 8~60mm 的差厚板来进行弯曲成形分析,图 5.16 是差厚板回弹量随过渡区长度而变化的曲线。

由图 5.16 可知,过渡区长度越大,回弹量越小。对于相同的厚度组合而言,过渡区长度越大,沿轧制方向材料性能的变化就越平缓,这对于回弹的减少是非常有利的。另外,过渡区越长意味着处于较大压下率的板料比例就越小,材料的残余应力也小,进而回弹量减小。

因此,为了更好地控制差厚板的回弹量,应该在工艺允许的条件下,尽可能地选择过渡区长度更大的差厚板。然而,与其他因素相比,过渡区长度对差厚板回弹的影响相对较小,而且由于轧制工艺的限制,较长的过渡区可能会导致差厚板质量的降低。因此,过渡区长度为 20mm 的差厚板被选用。

5.6.4 过渡区位置对差厚板回弹的影响

图 5.17 显示了过渡区位置对差厚板回弹的影响,这里横坐标值的含义与第 4 章相同,即 $\Delta L = 0$mm 表示过渡区位于板料中心,$\Delta L = -10$mm,-20mm 表示过渡区偏向板料薄侧的距离,$\Delta L = 10$mm,20mm 则表示过渡区偏向板料厚侧

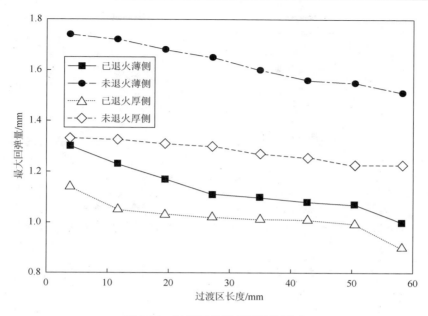

图 5.16 过渡区长度对回弹的影响

的距离。对于未退火差厚板，随着薄侧板料比例增大，薄厚两侧的回弹量均增大。对于薄侧，其板料宽度增大会导致回弹量增大，而厚侧回弹量的减小对薄侧回弹的影响远小于板料宽度增大带来的影响，因而回弹量增大；而对于厚侧，虽然板料宽度减小，但是薄侧回弹量的增大又会带动厚侧回弹量的增大，显然薄侧对厚侧回弹的影响大于板料宽度减小对厚侧回弹的影响，两者作用的结果就是厚侧回弹量增大。对于已退火差厚板而言，随着薄侧板料比例增大，薄厚两侧的回弹量均有减小，但是差厚板厚侧的回弹量变化不大。这可能的原因如下：对于薄侧，板料宽度增大的影响要小于差厚板厚侧回弹量减小带来的影响；对于厚侧，板料宽度减小的影响要略大于差厚板薄侧回弹量增大对其回弹的影响。

由图 5.17 还可以知道，当过渡区位于板料中心或者略微偏向薄侧时，差厚板回弹量的变化较小，这时可以较好地控制回弹。

5.6.5 板料尺寸对差厚板回弹的影响

合理的板料尺寸可以很好地控制差厚板的回弹量，提高其成形性能。图 5.18 显示了板料尺寸对差厚板回弹的影响，选用三种尺寸的差厚板，分别为 80mm×230mm，180mm×230mm 以及 280mm×230mm，这里的尺寸表示垂直于轧制方

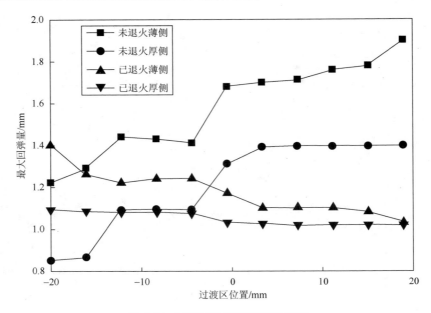

图 5.17 过渡区位置对回弹的影响

向的宽度尺寸保持 230mm 不变,而沿轧制方向的长度尺寸分为 80mm,180mm 和 280mm 三种情况。

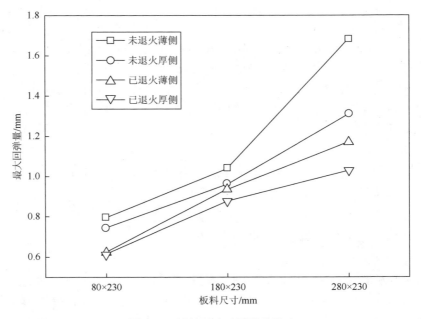

图 5.18 板料尺寸对回弹的影响

由图 5.18 可以看出，随着板料尺寸增大，差厚板回弹量增大。这主要是因为板料尺寸大，由弯曲作用引起的塑性变形较小，内、外层应力分布有着较大的差异，回弹量增大。

因此，在满足工艺要求的前提下，为了更好地抑制回弹现象的发生，通常应该选取较小的板料尺寸。然而，为了便于回弹的测量和分析，本章选用板料尺寸为 280mm×230mm 的轧制差厚板。

5.6.6 压边力对差厚板回弹的影响

U 型件弯曲成形过程中，侧壁部分经历复杂的弯曲和拉深变形，沿板厚方向切向应力分布的不均是导致回弹的关键因素。在自由弯曲或小压边力的拉深弯曲过程中，靠近凹模一侧为拉应力、靠近凸模一侧为压应力，从而产生了残余弯矩，导致侧壁的回弹变形。通过施加压边力或增大压边力，可以改变侧壁的内外层的应力状态，从而抑制回弹的发生。因此压边力是决定板料应变的关键因素，会显著地影响回弹[191]。本节分别考虑使用普通凸模以及随板料型面变化的阶梯凸模时，差厚板回弹随压边力的变化情况，如图 5.19 所示，板料均经过退火处理。

从图 5.19 可以看出，使用普通凸模时的回弹量远大于使用阶梯凸模时的情况。

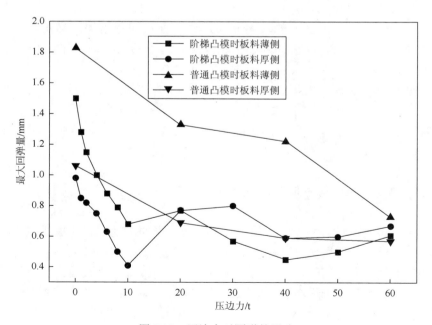

图 5.19 压边力对回弹的影响

使用普通凸模时，厚侧板料与凸模能够较好地贴合，成形较为充分，回弹小；而薄侧板料与凸模之间间隙较大，成形过程中与凸模的贴合性较差，凸模力没有得到充分发挥，成形极不充分，弹性变形所占比例大，因而回弹较大。此外，从研究中还发现，当采用普通凸模时，除了会产生较大的回弹，薄板侧的成形很不充分，零件的尺寸和形状精度较差，同时还会发生起皱缺陷。而当采用阶梯凸模时，这些问题均能够得到较好的解决。

从图 5.19 中还可以知道，曲线总的趋势是随着压边力的增大，回弹量逐渐减小。造成这种趋势的原因是：增加压边力可以增加板料弯曲成形的切向拉应力。当压边力很小时，板料产生的变形主要是弹性变形，板料内外层的切向应力分布很不均匀，应力差较大。当板料经过弯曲变形后，内部的残余应力得到释放，产生较大的弯矩，板料的回弹较大。随着压边力的增加，板料逐渐由弹性变形转变为塑性变形，回弹逐渐减小。随着塑性变形的增加，板料拉伸变形充分，切向应力在厚度上的分布均匀，卸载后残余应力产生的弯矩减小，回弹也逐渐减小。但是当压边力超过 10t 后，这种回弹减小的趋势放缓，甚至在某些阶段会随着压边力的增大，出现回弹增加的现象。

另外，由图 5.19 还能够得到：当压边力小于 20t 时，板料薄侧的回弹大于厚侧，而当压边力超过 20t 后，板料厚侧的回弹反而大于薄侧。这可以从 5.6.2 节中关于板料厚度对于回弹的影响具有两面性方面得到解释：一方面厚板的塑性变形区占的比例较大，有利于减小回弹；另一方面，厚板的变形抗力大于薄板，不利于轴向力在厚度上的均匀分布，这会导致回弹增加。当压边力小时，第一个因素占据优势，薄板的回弹大于厚板。当压边力大时，第二个因素起主要作用。

总的来看，当压边力超过 10t 后，对于回弹的抑制作用减弱，并且过大的压边力会导致板料与模具之间的摩擦加剧，损伤零件表面质量的同时也不利于模具寿命的延长，而且还加大了对于冲压设备吨位的要求。因此，压边力取为 10t 左右比较合理。

5.6.7 凸凹模间隙对差厚板回弹的影响

凸凹模间隙和压边力一样控制着板料在凹模中的流动，它对板料在凸凹模圆角处的回弹会产生较大影响。通常来说模具间隙过大，则回弹大，零件的形状和尺寸精度不易保证；间隙过小，则弯曲力大，零件减薄严重且模具寿命降低。若工件精度要求不高，可适当放宽间隙，以便降低弯曲力；但当精度要求较高时，应选择合理间隙。本节考虑不同的模具间隙值对差厚板回弹的影响，间隙值从 1mm 一直变化到 3mm。

图 5.20 为差厚板回弹量随模具间隙变化的曲线。可以看出，当模具间隙为 2.2mm 时，差厚板回弹量取得最小值。当模具间隙大于 2.2mm 时，回弹随着模具间隙的增大而增大。这是由于间隙越大，板料与凸模圆角的贴合性越差，弯曲过程中板料与凸模不能很好地贴合，对弯曲件径向约束能力较小，板料的弯曲半径大于间隙小的零件，而且成形过程中法兰边缘和直边部分产生更小的塑性应变，弹性变形所占比例变大，因此卸载后的回弹增大。当模具间隙小于 2.2mm 时，发生了负回弹，而且模具间隙越小，负回弹量越大。当模具间隙较小时，凹模型面与弯曲件之间有比较严重的摩擦现象，此时凹模对零件的摩擦力增大。在零件弯曲处，除了弯矩 M 作用，尚引起拉深力，因而使弯曲处的切向应力分布发生了改变，使外层纤维完全进入了塑性变形状态，有时会使零件朝闭合方向回弹，即出现负回弹。当凸凹模间隙小于板料厚度的 10%时，由于板料减薄量过多，材料通过间隙的变形阻力增大，容易使零件拉裂，并且模具间的摩擦增大，模具使用寿命可能因此而缩短。

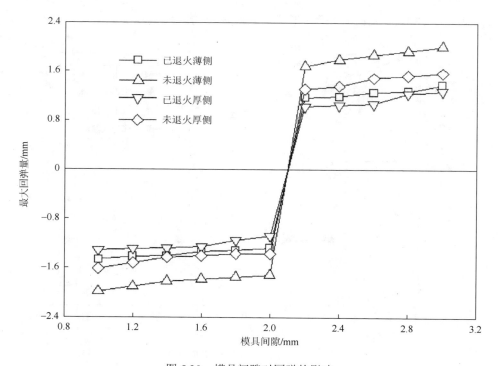

图 5.20 模具间隙对回弹的影响

因此，综合考虑成形和回弹控制问题以及模具的状态和使用寿命，模具间隙取为 2.2mm（最大板料厚度的 1.1 倍）比较理想。

5.6.8 摩擦系数对差厚板回弹的影响

摩擦系数是影响板料回弹的另一个重要因素,板料表面和模具表面之间的摩擦可以改变板料各部分的应力应变状态,摩擦系数对回弹的影响类似于压边力,增大摩擦系数相当于增加了压边力,板料的流动阻力增加,从而使板料充分拉伸变形,减小回弹。

图 5.21 所示为摩擦系数对差厚板回弹的影响,图 5.21 中显示了摩擦系数值从 0.05 变化到 0.20 时,差厚板回弹的变化情况。由图 5.21 可知,差厚板回弹量随着摩擦系数的增大而减小。这主要有两方面的原因:第一,摩擦系数越大意味着所引起的摩擦力越大,板料所受切向拉应力增大,使得板料发生更大的塑性变形,弹性变形所占比例减小,因此回弹减小;第二,较大的摩擦力作用可以增大板料的拉应力变形区,使得更多的板料进入塑性状态,并且使内外表面的应力状态趋向一致,零件形状更接近于模具形状,因此板料的回弹量减小。

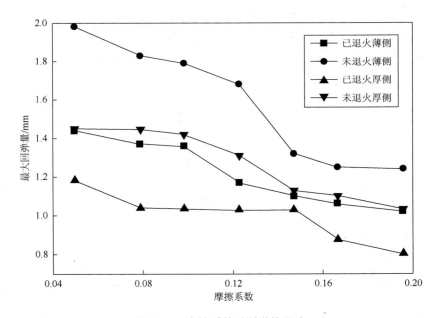

图 5.21　摩擦系数对回弹的影响

但是从成形方面来看,摩擦系数较大时,产生的拉应力也大,可能导致破裂等缺陷的出现,还会影响零件的表面质量。所以与模具间隙的选取相似,也不能一味地增大摩擦系数。综合来看,摩擦系数取为 0.12 左右较为合理。

5.7 实验验证

在已有仿真结果的基础上,综合考虑回弹控制、零件质量、轻量化、模具寿命、轧制工艺、工程需求等因素,实验条件如下:板料尺寸为 280mm× 230mm,过渡区位于板料中心,过渡区长度为 20mm,差厚板厚度为 1.2mm/2.0mm,模具间隙为 2.2mm,摩擦系数为 0.12,薄板厚度为 1.2mm,厚板厚度为 2.0mm。实验所获得的冲压件如图 5.22 所示,图 5.23 和图 5.24 为回弹实验结果的对比图。

由图 5.23 和图 5.24 可以看出,差厚板厚侧与差厚板薄侧的回弹量均介于薄、厚等厚板之间,经过退火处理后,差厚板的回弹量明显减小,尤其是其薄侧,这与前面的仿真结果是完全一致的。

图 5.22　成形后的 U 型冲压件

(a) 未退火　　　　　　　　　　　　(b) 已退火

图 5.23　差厚板厚侧与等厚板回弹量对比

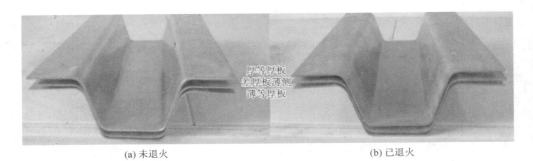

(a) 未退火   (b) 已退火

图 5.24 差厚板薄侧与等厚板回弹量对比

  图 5.25 为实验与仿真回弹结果对比。由图 5.25 可知，仿真计算所得的回弹量和实验实测值比较接近，数值模拟能够较好地描述板料回弹的实际情况。由图 5.25 以及图 5.23、图 5.24 可以看出，经过退火处理后，差厚板整体的回弹量大幅度减小，差厚板薄侧与厚侧的回弹量比较接近，而远小于未退火差厚板薄侧的回弹量。退火后，差厚板薄侧的回弹减少量远大于差厚板厚侧的回弹减少量。由于差厚板薄侧经过轧制而产生残余应力，退火工艺能够去除板料内部的残余应力并使组织发生回复，因而回弹大大减小。另外，由图 5.25 还能够知道，未退火与已退火板料的回弹量按降序排列均为薄等厚板、差厚板薄侧、差厚板厚侧、厚等厚板。板料厚度越大，参与塑性变形的材料就越多，抵抗回弹变形的能力也就越大，这就

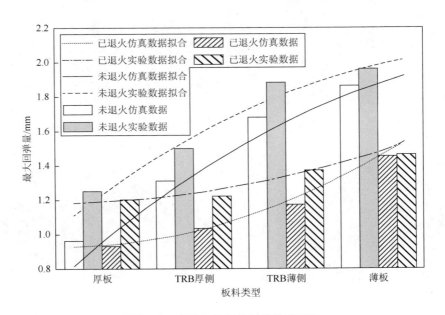

图 5.25 实验与仿真的回弹结果对比

使得厚板的回弹量相对于薄板要小。差厚板的薄侧和厚侧的回弹相互影响，所以差厚板的回弹量位于两等厚板之间。

5.8 回弹的控制方法

金属板料弯曲回弹是客观存在、无法完全避免的，只有因势利导，掌握好材料的回弹规律，才能有效地减小和控制好坯料的弯曲回弹。

回弹控制的方法很多，不同情况需使用不同方法才能达到好的效果。如通常采用调整工艺参数和修正压料面的方法减少工件回弹量，但当工件的回弹量大，用修改工艺参数的方法难以满足成形要求时，则采用模具补偿的方法消除因回弹造成的工件几何误差。依据回弹产生的机理，人们提出了不同的回弹控制方法，包括工件设计控制法、成形工艺控制法、成形阻力控制法、模具结构和型面控制法以及自适应控制法等，下面从这几个方面作简要介绍。

1. 工件设计控制法

（1）改进零件的结构工艺性。具有复杂形状的工件，各部分之间的变形相互牵制，回弹减小。所以可以通过在弯曲处压制加强筋或对弯曲件进行翻边、叠边处理，从而达到增强零件刚度以减小回弹量的目的。

（2）选用弹性模量较大且屈服极限较小的材料。弹性模量 E 越小，屈服强度 σ_s 越高，加工硬化越严重（n 越大），弯曲变形的回弹也越大。因此可以通过选用弹性模量较大且屈服极限较小的材料来减小回弹。此外，坯料的厚度公差大小、表面质量的优劣和平面度的好坏，都对弯曲回弹有较大的影响。

（3）改变毛坯的供应状态。冷作硬化后的材料，弯曲回弹量大。对精度要求高的弯曲件其坯料有冷作硬化，应对其进行退火处理，再弯曲。在需要且又允许的情况下，应对较厚坯料的工件采用加热弯曲消除回弹，可将淬火状态的毛料先经退火后成形以减小回弹量，弯曲成形后再淬火。

2. 成形工艺控制法

选择合理的成形方式对减小回弹有积极影响[192]。如拉弯切边法通过在拉弯过程中引入压边力使塑性变形程度增大来减小回弹。在使用压边力拉弯中，增大压边力的方法在一定的范围内可以有效地减小回弹，但恒定压边力控制也存在很大的缺陷，因此常常引入变压边力控制。其原理是：成形初期的压边力很小，只保证板料不起皱即可，板料仅发生轻微的塑性变形；在成形后期使用较大的压边力，法兰部分材料基本上不向凹模型腔补充，侧壁部分在很大的拉应力作用下伸长变形，拉深塑性变形达到材料所能承受的极限，从而减小回弹。

校正弯曲法通过适当调低冲床滑块的下死点，施加一个校正力使工件过度弯曲，从而减小回弹量，但这种方法可能导致工件表面质量的压伤，大批量生产时也不利于设备的养护。控制原理为：在有底凹模的限制弯曲时，当零件与模具贴合后，以附加压力校正弯曲变形区，迫使金属内层受挤压，则板材被校正后，内外层纤维都被伸长，卸载后都要缩短。由于内外层的回弹趋势相反，回弹量将减小，从而达到克服或减小回弹的目的。操作中为增加模具弯曲的校正作用以减小回弹量，可将冲床滑块的下死点略为降低，即通过改变凸模的行程，使零件得以过量弯曲，凸、凹模底部间的间隙略为小于板料的实际厚度，借此使得回弹后的形状符合精度要求。

此外还有二次弯曲法和热成形法等，但是这些方法将增加模具或设备使用数量，效率较低，生产成本高，不适用于大批量生产。

3. 成形阻力控制法

增大成形阻力也能有效控制板材冲压成形中的回弹，其方法主要有设置拉延筋或拉延槛和增大压边力。拉延筋可以增大材料流向凹模的阻力，促进其充分塑性变形，而设置拉延槛的阻力将更大，从而控制回弹。压边力的增加也将产生相同的效果，通常会采用拉延筋和压边力相结合的方式来调节材料的流动，这时，拉延筋将起增大材料流动阻力的主要作用，压边力则主要负责压平板料。

4. 模具结构和型面控制法

根据模拟仿真结果和经验合理地修正模具结构、型面等可以将回弹控制在允许范围内。如修正凸、凹模圆角半径、减小模具间隙及采取一定的模具型面补偿等均可有效改善回弹情况，实际中也通常结合几种方法协同使用，但使用负间隙法可能造成工件表面擦伤，不适用于外板件。其中，模具补偿法的原理是根据弯曲成形零件卸载后的回弹趋势和回弹量，预先在模具上做出等于零件角度回弹量的斜度，以补偿零件成形后的回弹。

5. 自适应控制法

为了适应模具快速高效制造等要求，传统的反复调试模具的方法已日趋落后，国外开始研究一些评测和控制回弹量的新方法，如自适应法[193]。这种方法是基于实验来建立的经验模型，以简单 V 形弯曲为例，通过测量弯曲角和弯曲力来计算回弹量与确定板料成形中应该采取的模具补偿量。这种方法的优势是可以大大缩减模具调试次数，拥有较大的应用前景。但这些方法的关键是建立与实际吻合的模型，在这方面还有很多特定情况有待解决。

5.9　差厚板纵向弯曲回弹的控制方法

综合本章对于差厚板回弹理论以及影响因素的分析，结合回弹控制的常用方法，提出以下抑制差厚板回弹的措施。
（1）采用退火处理。
（2）选用弹性模量较大且屈服极限较小的材料。
（3）选用较大的板料厚度。
（4）使得过渡区位于板料中心或略微偏向薄板侧。
（5）较长的过渡区长度。
（6）采用较小的板料尺寸。
（7）适当增大压边力。
（8）采用与板料型面相适应的阶梯凸模。
（9）采用较小的模具间隙。
（10）采用较大的摩擦系数。

5.10　本章小结

本章首先探讨了弯曲回弹机理，分析了弯曲回弹过程中的力学问题，建立了回弹量计算公式，重点研究了差厚板的塑性弯曲回弹，推导了差厚板回弹前后的曲率变化公式以及回弹角计算公式。阐述了影响回弹数值仿真精度的因素，包括板料网格单元及网格尺寸、虚拟凸模速度、厚向积分点数目、约束条件、材料模型及参数、计算控制参数等。在此基础上，进行了差厚板 U 型件纵向弯曲成形以及回弹仿真，分析了差厚板 U 型件成形后的厚度分布以及应力应变分布状态，对比了已退火与未退火差厚板薄、厚两侧的回弹情况。给出了 U 型件的回弹趋势及回弹量测量方法，并讨论了材料性能、板料厚度、过渡区长度、过渡区位置、板料尺寸、压边力、凸凹模间隙以及摩擦系数等因素对差厚板 U 型件回弹的影响。最后，通过实验对仿真结果进行了验证，并给出了差厚板回弹的控制方法。通过研究，本章得到以下结论。

（1）对于纵向弯曲的轧制差厚板 U 型件，成形后各部分的厚度变化很小，这说明了差厚板 U 型件在成形过程中的塑性变形也比较小，板料成形不充分，因而会产生比较严重的回弹现象。

（2）对于未退火差厚板 U 型件，沿弯曲轴方向上存在着不均匀的回弹，薄侧回弹量大于厚侧；而对于已退火差厚板 U 型件，薄侧与厚侧的回弹量比较接近，而远小于未退火薄侧的回弹量。

（3）经退火处理后，差厚板卸载前后的应力差减小，等效塑性应变增大，这两个变化解释了已退火差厚板 U 型件回弹量减小的原因。

（4）当模具间隙为 2.2mm 时，差厚板回弹量取得最小值。当模具间隙大于 2.2mm 时，回弹随着模具间隙的增大而增大。当模具间隙小于 2.2mm 时，发生了负回弹，而且模具间隙越小，负回弹量越大。

（5）差厚板 U 型件的回弹量与摩擦系数、过渡区长度、板料厚度成反比，与板料尺寸成正比。

（6）差厚板 U 型件回弹量为铝合金、不锈钢、高强钢、低碳钢依次降低。

（7）对于未退火差厚板，随着薄侧板料比例的增大，薄厚两侧的回弹量均增大；对于已退火差厚板，随着薄侧板料比例的增大，薄厚两侧的回弹量均有减小，但是差厚板厚侧的回弹量变化不大。

（8）合理选择压边力的大小可以在保证零件表面质量的前提下，减小回弹。

（9）未退火与已退火板料的回弹量按降序排列均为薄等厚板、差厚板薄侧、差厚板厚侧、厚等厚板。

第6章 轧制差厚板横向弯曲成形特性分析

第 5 章对轧制差厚板 U 型件的纵向弯曲（弯曲轴平行于差厚板的轧制方向）成形技术进行了探讨，本章将继续对轧制差厚板的横向弯曲（弯曲轴垂直于差厚板的轧制方向）回弹特性进行分析。对于纵向弯曲的差厚板来说，板料沿弯曲轴方向存在厚度的变化，导致弯曲成形卸载后的回弹相互牵制，使得回弹问题更加复杂。而对于横向弯曲的差厚板来说，虽然由于弯曲轴方向不存在厚度变化，因而沿弯曲轴方向上不存在回弹的不均匀分布，但是薄侧和厚侧由于性能与厚度的不同而导致两者回弹仍然存在较大的差异，并且在过渡区部分两者的回弹仍然会相互制约。与此同时，横向弯曲的差厚板的板料厚度梯度方向与成形过程中材料的流动方向是一致的，但是薄厚两侧材料的流动速度是不同的，因而差厚板 U 型件在弯曲成形过程中除了会产生回弹缺陷，还会发生严重的过渡区移动现象[194]。

6.1 弯曲成形仿真及结果分析

本章仿真参数的设置、回弹量的测量方法均与第 5 章相同。

轧制差厚板 U 型件横向弯曲成形回弹仿真结果如图 6.1～图 6.4 所示。

图 6.1 显示了具有不同过渡区长度的未退火差厚板 U 型件的厚度分布。由图 6.1 可以看出，横向弯曲的差厚板 U 型件各部分的厚度变化较小，这说明了零件的塑性变形也比较小，因而会产生较大的回弹。对于已退火情况，也有同样的结论。

图 6.2 为未退火与已退火差厚板 U 型件回弹前后的对比图。由图 6.2（a）可知，对于未退火差厚板 U 型件而言，薄侧回弹量远大于厚侧。由第 5 章推导得到的差厚板弯曲回弹量公式可知，板料厚度越大，回弹量越小。因此，薄板侧的回弹量大于厚板侧。然而，差厚板各部分并不是独立的而是一个有机整体，薄厚侧的回弹相互牵制，回弹大的部位回弹减小，回弹小的部位回弹增大，即总体的回弹分布趋向于均匀。由图 6.2（b）可以看出，对于已退火差厚板 U 型件而言，厚侧的回弹非常微小，薄侧存在着一定大小的回弹，但是薄侧与厚侧的回弹量差值相差不大。由图 6.2（a）和图 6.2（b）的对比还可以看出，已退火差厚板的回弹量远小于未退火差厚板。退火处理能够减小差厚板、特别是其薄侧的回弹量，使得整块差厚板的回弹分布更加均匀。

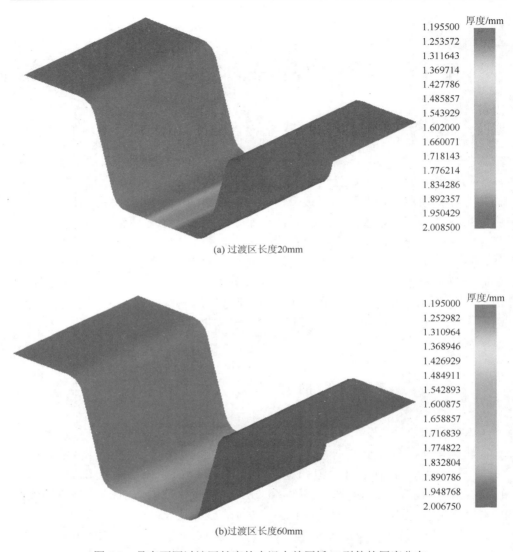

(a) 过渡区长度20mm

(b) 过渡区长度60mm

图 6.1 具有不同过渡区长度的未退火差厚板 U 型件的厚度分布

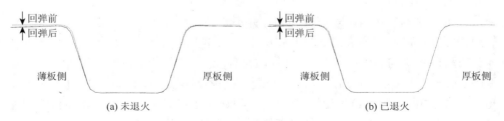

(a) 未退火　　　　　　　　　　　　(b) 已退火

图 6.2 未退火与已退火差厚板 U 型件回弹对比

图 6.3 给出了未退火与已退火差厚板 U 型件厚度过渡区移动量的对比。可以看出，已退火差厚板厚度过渡区移动量要大于未退火差厚板。由于薄侧板料与模具之间的贴合性较厚侧差，所以薄侧材料受到较小的摩擦阻力而向凹模中流入了更多的材料，进而过渡区向厚侧方向移动。未退火差厚板薄侧由于经过轧制而产生加工硬化，强度的增大将限制薄侧的变形，过渡区移动量减小。而对于已退火差厚板来说，整个板料的性能比较均匀，薄侧的强度要小于厚侧，这将会导致薄侧的变形大于厚侧，进而加剧过渡区的移动。

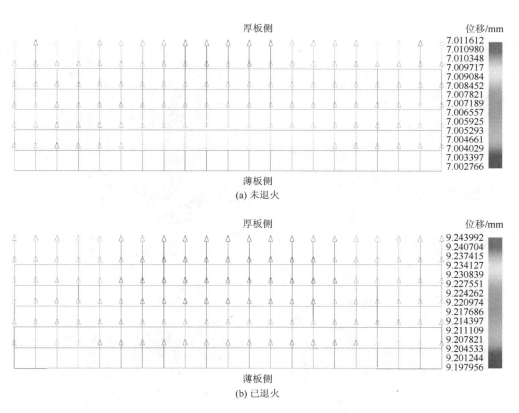

图 6.3 未退火与已退火差厚板 U 型件厚度过渡区移动量的对比

图 6.4 为横向弯曲的差厚板 U 型件最大 von Mises 等效应力分布图，下侧为薄板，上侧为厚板。由图 6.4（a）和图 6.4（b）可以看出，对于未退火差厚板，卸载前薄侧部分的等效应力大于厚侧，而卸载之后，薄侧与厚侧的等效应力均减小，但薄侧的减小幅度更大，整块差厚板的应力分布相对均匀。差厚板薄侧由于轧制过程中更大的轧辊压下率而产生严重的加工硬化，板料内部的残余应力随之增大，屈服强度也升高，在同样的变形条件下，薄侧部分的等效应力更

高。当卸除载荷之后,需要释放的应力更大,因此导致了薄侧部分的回弹变形大于厚侧部分。

由图 6.4(c)和图 6.4(d)可以知道,经退火处理后,薄侧内部由于轧制而产生的残余应力已经在退火的过程中得以释放,而厚侧由于在成形过程中与模具表面贴合得更加紧密,所受到的凸模力也更大,因而在未卸载的情况下其内部的等效应力要大于薄侧。卸载之后整个差厚板零件的等效应力分布非常均匀,而卸载前后的应力差与未退火情况相比要更小,也就是说需要释放的残余应力小,这正是已退火差厚板回弹量减小的原因。

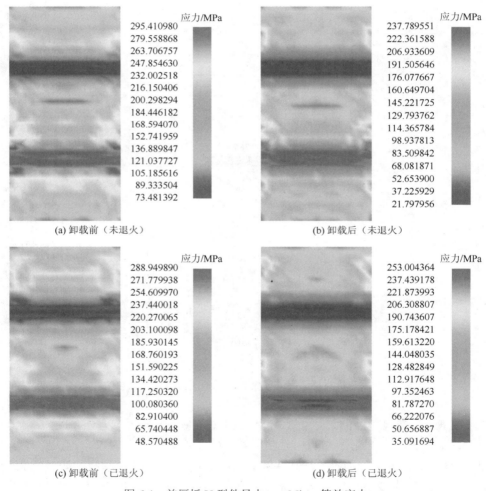

图 6.4 差厚板 U 型件最大 von Mises 等效应力

图 6.5 是差厚板 U 型件等效塑性应变的分布图,下侧为薄板,上侧为厚板。

第6章 轧制差厚板横向弯曲成形特性分析

从图 6.5 中可以看出，对于未退火差厚板而言，厚侧发生的等效塑性应变大于薄侧；而对于已退火差厚板，则是薄侧比厚侧发生了更大的塑性应变。对于未退火差厚板，原因在第 5 章已经进行了解释。而对于已退火差厚板，薄侧的强度要小于厚侧这一因素要大于其他因素对差厚板成形的影响，因而薄侧发生了更大的塑性变形。而且图 6.5 还显示出，由于退火处理能够降低差厚板的强度而提高其塑性，已退火差厚板比未退火差厚板发生了更大的塑性变形，这对于减小回弹是非常有利的。

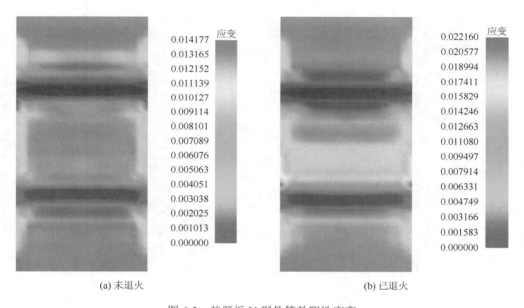

图 6.5 差厚板 U 型件等效塑性应变

通过图 6.4 和图 6.5 还可以知道，与纵向弯曲不同，横向弯曲的差厚板成形后沿弯曲轴方向上应力应变分布比较均匀，因此卸载过程中在这一方向上不存在非均一回弹，而是在垂直于弯曲轴方向上存在着回弹量的不同，正如图 6.2 所显示的情况。

6.1.1 材料类型对差厚板弯曲性能的影响

图 6.6 和图 6.7 分别显示了差厚板回弹量以及过渡区移动量与材料类型的关系，实际上也就是与板料性能的关系，图中所示的各种材料均经过退火处理。由图 6.6 和图 6.7 可以看出，从低碳钢、高强钢、不锈钢到铝合金，回弹量与过渡区移动量均依次增大，原因已在 5.6.1 节进行了阐述。

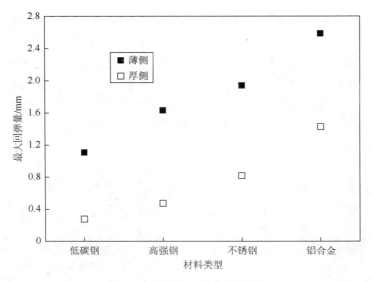

图 6.6 材料类型对回弹的影响

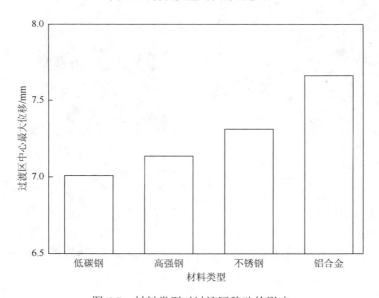

图 6.7 材料类型对过渡区移动的影响

6.1.2 板料尺寸对差厚板弯曲性能的影响

图 6.8 显示了回弹量随板料尺寸的变化趋势，这里的板料尺寸仅沿垂直于轧制方向上变化，即沿着弯曲轴方向存在不同。由图 6.8 可以看出，当板料沿垂直于轧制方向上的尺寸从 80mm 增大到 280mm 时，回弹量基本呈线性增加的趋势，

即差厚板各部分的回弹量均是随着板料尺寸的增大而增大,但是增加的幅度不大。板料尺寸增大后,当凸模力保持不变时,板料尺寸越大的板料其应力值越小,从而应变值也随之减小,弹性变形的比例增大,回弹减小。此外,板料宽度增加之后,应力沿板料宽度方向上分布的均匀性变差,这就可能会使得某些部位的板料在卸载前后的应力差增大,从而导致回弹量增加。

图 6.9 显示了过渡区移动量随板料尺寸的变化趋势。由图 6.9 可知,随着板料尺寸的增大,未退火差厚板的过渡区移动量略有增加,但是增加的幅度很小,而已退火差厚板的过渡区移动量基本上保持不变。

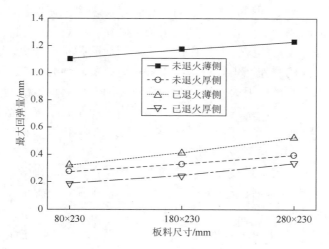

图 6.8　板料尺寸对回弹的影响

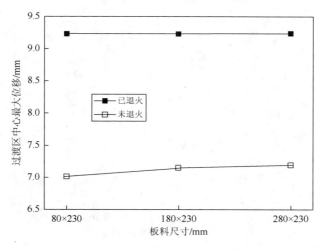

图 6.9　板料尺寸对过渡区移动的影响

总的来说，板料尺寸对差厚板的横向弯曲性能的影响较小，因而在满足工艺要求的前提下，为了节约材料，应该选用尺寸较小的差厚板。

6.1.3 板料厚度对差厚板弯曲性能的影响

图 6.10 给出了差厚板回弹量随板料厚度变化的趋势。由图 6.10 可以看出，在薄侧板料厚度保持 1.2mm 不变而厚侧板料厚度从 1.2mm 增加到 2.0mm 的过程中，回弹量逐渐减小，即随着板料厚度及板厚差的增大，回弹减小。对于未退火差厚板厚侧，在厚侧厚度从 1.2mm 增大到 2.0mm 的过程中，随着压下率的降低，加工硬化作用减小，因而回弹呈现减小的趋势。对于未退火差厚板薄侧来说，由于经过了比较大的轧制压下率作用而产生了加工硬化，板料强度增大而塑性降低，在弯曲成形过程中发生的弹性变形比例较大，因而回弹也比较大。但是板料厚侧回弹的减小会对薄侧回弹产生影响，结果就是薄侧的回弹也随着厚侧板料厚度的增大而逐渐减小。对于已退火差厚板厚侧而言，随着板料厚度的增大，回弹必然减小。而对于已退火薄侧来说，由于厚侧厚度增大而带来强度的增大，会导致更多的变形集中于薄侧进行，因而薄侧变形更加充分，塑性变形比例增大，回弹减小。

图 6.11 给出了过渡区移动量随板料厚度变化的曲线。由图 6.11 可知，随着板料厚度及板厚差的增大，过渡区的位移增大。这是比较容易理解的，随着板厚差的增大，薄厚两侧板料的性能差异也变大，向凹模中流入材料的不均衡性增加，因而过渡区移动量增大。

由图 6.10 和图 6.11 可以看出，板料厚度对差厚板的弯曲性能影响很大。为了控制回弹需要增大板厚差，而为了减小过渡区的移动则需要减小板厚差，因此在工程应用中需要根据实际情况来选取差厚板的厚度。

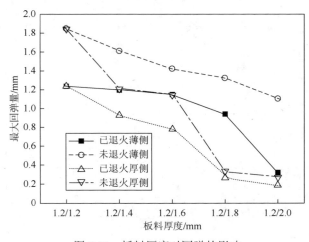

图 6.10　板料厚度对回弹的影响

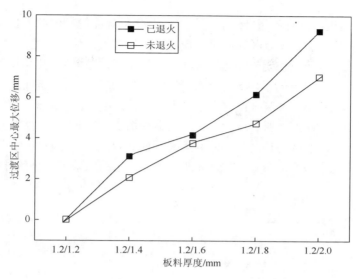

图 6.11　板料厚度对过渡区移动的影响

6.1.4　过渡区长度对差厚板弯曲性能的影响

图 6.12 为差厚板回弹量随过渡区长度的变化趋势曲线。由图 6.12 可以看出，随着过渡区长度的增大，差厚板回弹量逐渐减小，原因已在第 5 章进行了论述。但是当过渡区长度大于 20mm 后，回弹量的减小趋势变缓。

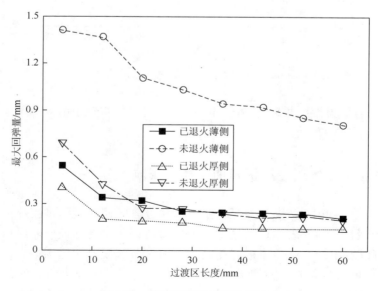

图 6.12　过渡区长度对回弹的影响

图 6.13 为过渡区移动量随过渡区长度的变化趋势曲线。由图 6.13 可以知道，随着过渡区长度增大，过渡区移动量呈现先减小后增大的趋势，尤其对于未退火差厚板而言，这种趋势更加明显。当过渡区尺寸较小时，薄板侧的比例较大，薄厚板侧的材料流入以及变形的不均匀性增大，过渡区移动量较大。随着过渡区长度的增大，薄板侧面积减小，过渡区位移减小，当过渡区长度达到 30mm 左右时，过渡区位移达到最小值。此后，随着过渡区长度的继续增加，过渡区处材料与模具的贴合性也随之变差，过渡区的移动受到的约束减小而导致过渡区位移增大。虽然薄板侧的面积减小带来了过渡区位移的减小，两者综合作用的结果仍然导致过渡区位移的不断增加。

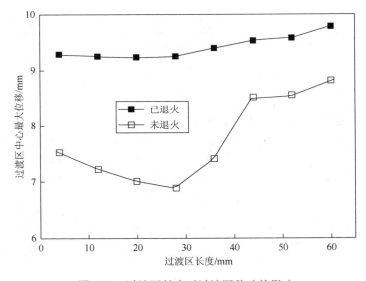

图 6.13 过渡区长度对过渡区移动的影响

总的来看，过渡区长度在 20~40mm，既可以取得较小的回弹量，又可以较好地抑制过渡区的移动。

6.1.5 过渡区位置对差厚板弯曲性能的影响

图 6.14 和图 6.15 分别为差厚板回弹量和过渡区移动量随过渡区位置的变化趋势曲线，图中"-"表示过渡区偏向差厚板薄侧，反之则偏向差厚板厚侧。由图 6.14 可以看出，对于差厚板薄侧而言，随着薄侧板料的比例增大，回弹量呈现先减小后增大的趋势，这种趋势对于未退火情况较为显著，而对于经过退火之后的薄板侧则变得平缓；对于差厚板厚侧来说，随着薄侧板料的比例增大，回弹

量逐渐减小。这些现象也是差厚板薄厚侧板料回弹相互牵制的结果。由图 6.15 可以知道，随着薄板的比例增大，过渡区移动量增大。原因在于随着薄侧面积的增大，薄厚两侧板料强度的不均匀性增大，有更多的薄侧材料流入凹模，过渡区移动量增大。

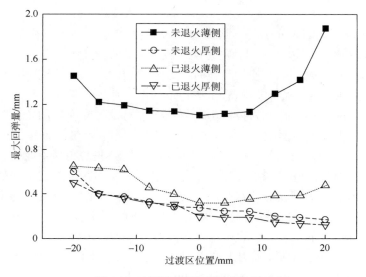

图 6.14　过渡区位置对回弹的影响

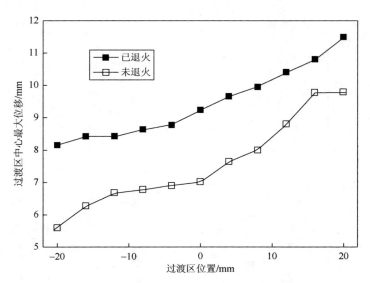

图 6.15　过渡区位置对过渡区移动的影响

虽然增大厚板的比例可以极大地减小过渡区的移动，然而这不仅将导致回弹量增大，而且会增加零件重量，浪费材料。因此，要根据实际工程需要来决定过渡区的位置。

6.1.6 压边力对差厚板弯曲性能的影响

图 6.16 和图 6.17 分别为压边力对差厚板回弹以及过渡区移动的影响。从图 6.16 可以看出，压边力对回弹的影响比较大。总体来说，无论对于已退火差厚板还是未退火差厚板，总的趋势是随着压边力的增大，回弹均逐渐减小。这是因为，在其他成形条件一定时，随着压边力逐渐增大，板料的拉伸效果也越来越明显，内层的压应力逐渐转变为拉应力，特别是容易发生回弹的圆角和侧壁部分，这就使得板料内、外表面应力差逐渐较小，从而减小回弹量。此外，从图 6.16 中还可以看出，对于未退火差厚板来说，这种变化趋势非常明显，而压边力的增加对于已退火差厚板回弹的减小作用则不那么显著。原因在于经过退火处理后，差厚板的回弹值已减小到较低的水平，这时再进一步降低回弹量变得非常困难，即使增大压边力，回弹量的减小幅度也非常有限，而且当压边力超过 8t 时，零件还存在侧壁部分拉裂的风险。

分析图 6.17 可以知道，采用 1t 的压边力后，无论对于已退火或者未退火情况，过渡区位移均从大于 10mm 减小到接近 0mm。此后，随着压边力的增大，对于未退火情况，过渡区位移变化不大；而对于已退火情况，过渡区位移甚至又逐渐增大。当未施加压边力时，在相同凸模力的作用下，薄侧发生的变形更大，并且薄

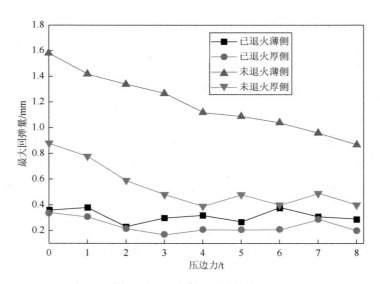

图 6.16 压边力对回弹的影响

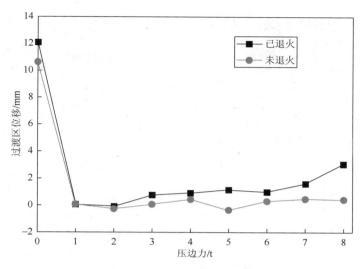

图 6.17 压边力对过渡区移动的影响

侧材料的流动受到凸模的限制作用更小,因而过渡区向厚板侧移动,位移量较大。当对差厚板施加压边力时,薄厚两侧的板料的变形及材料流动均受到较大的抑制,薄厚两侧板料的变形以及进料更加均衡,过渡区位移减小。对于已退火差厚板,随着压边力的增大,薄厚两侧板料流动均受到更大程度的限制,薄侧由于具有更小的强度而发生更大的变形,因而过渡区移动量反而增大,并且压边力越大,这种趋势也越明显。而对于未退火差厚板,薄侧的强度甚至要大于厚侧,因而随着压边力的增大,薄侧的变形受到其自身强度的限制,过渡区移动量变化较小,甚至在一些压边力条件下出现了过渡区向薄板侧移动的情况。

因此,为了限制回弹需要采用较大的压边力,但是过大的压边力不仅会导致过渡区位移的增大,还有可能导致零件破裂现象的出现。总的来看,采用 1～4t 的压边力既能较好地抑制回弹,又能获得较小的过渡区位移。

6.1.7 模具间隙对差厚板弯曲性能的影响

图 6.18 和图 6.19 分别显示了差厚板回弹量和过渡区移动量随模具间隙的变化曲线,图中模具间隙从 2.0mm 逐渐增加到 3.0mm。

由图 6.18 可以看出,差厚板的回弹量随着模具间隙的增大而增大,原因在第 5 章已经进行了解释。由图 6.19 可以看出,随着模具间隙的增大,过渡区移动量略有增大,但变化幅度较小。

从图 6.18 和图 6.19 可以知道,模具间隙对差厚板回弹有着很大的影响,而对差厚板过渡区的移动影响较小。因此，在保证零件表面质量和模具寿命的前提下，应尽量选用较小的模具间隙。

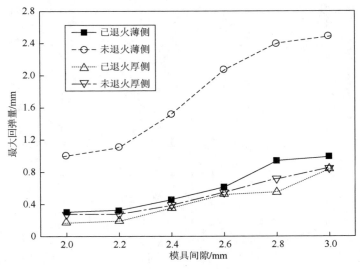

图 6.18　模具间隙对回弹的影响

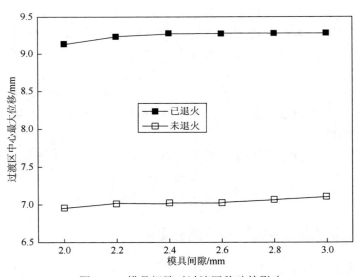

图 6.19　模具间隙对过渡区移动的影响

6.1.8　摩擦系数对差厚板弯曲性能的影响

图 6.20 为差厚板回弹量随摩擦系数的变化趋势曲线。由图 6.20 可以看出，随着摩擦系数的增大，差厚板回弹量呈现先减小后增大的趋势。当摩擦系数较小时，

回弹量随着摩擦系数的增大而逐渐减小；当摩擦系数增大到一定程度时，发生了负回弹现象，而且随着摩擦系数的进一步增大，负回弹加剧。

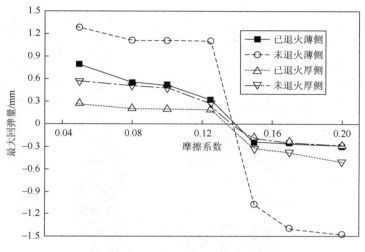

图 6.20 摩擦系数对回弹的影响

图 6.21 为过渡区移动量随摩擦系数的变化趋势曲线。由图 6.21 可以看出，随着摩擦系数的增大，过渡区移动量逐渐减小。摩擦系数的增大引起了更大的摩擦力，差厚板厚侧由于与模具型面贴合得更加紧密而受到了比薄侧更大的摩擦力作用，因此薄厚两侧板料的变形更加均匀，过渡区移动量减小。

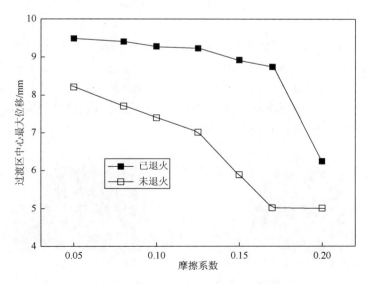

图 6.21 摩擦系数对过渡区移动的影响

6.2 实验验证

在已有仿真结果的基础上，结合实际情况，实验采用以下板料几何参数以及工艺参数：板料尺寸分为 80mm×230mm、180mm×230mm 两种，差厚板厚度为 1.2mm/2.0mm，过渡区长度为 20mm，过渡区位于板料中心，模具间隙为 2.2mm，薄等厚板厚度为 1.2mm，厚等厚板厚度为 2.0mm，摩擦系数为 0.12。实验所获得的冲压件如图 6.22 所示，图 6.23 和图 6.24 为回弹实验结果的对比图。

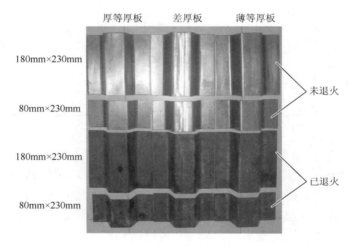

图 6.22 成形后的 U 型冲压件

由图 6.23 和图 6.24 可以看出，板料尺寸为 180mm×230mm 的差厚板回弹量要大于板料尺寸为 80mm×230mm 的差厚板，经过退火处理后，横向弯曲差厚板 U 型件的回弹量明显减小，尤其是其薄侧，这与前面的仿真结果是完全一致的。

表 6.1 给出了横向弯曲差厚板 U 型件过渡区移动量的仿真与实验对比。由表 6.1 中可以看出，仿真值与实验值比较接近。

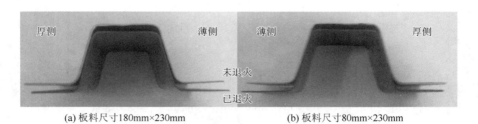

(a) 板料尺寸180mm×230mm　　　　(b) 板料尺寸80mm×230mm

图 6.23 不同板料尺寸的差厚板 U 型件退火前后的薄侧回弹对比

(a) 板料尺寸80mm×230mm　　　(b) 板料尺寸180mm×230mm

图 6.24　不同板料尺寸的差厚板 U 型件退火前后的厚侧回弹对比

表 6.1　不同板料尺寸差厚板 U 型件的过渡区最大移动量仿真与实验对比

板料尺寸	过渡区中心移动量/mm			
	未退火		已退火	
	仿真值	实验值	仿真值	实验值
80mm×230mm	7.01	7.00	9.22	10.12
180mm×230mm	7.14	7.24	9.23	10.25

图 6.25 和图 6.26 分别描述了不同板料厚度和板料尺寸的差厚板回弹实验结果。由图 6.25 可以看出，对于未退火情况，差厚板薄侧的回弹量大于厚等厚板而小于薄等厚板，差厚板厚侧的回弹量则比薄等厚板和厚等厚板都要小；对于已退火情况，则是差厚板薄侧和厚侧的回弹量都小于厚等厚板的回弹量，更小于薄等厚板的回弹量。由图 6.26 可以知道，无论是否经过退火，板料尺寸为 180mm×230mm 的差厚板各部分的回弹量均要大于板料尺寸为 80mm×230mm 的差厚板。因此，从图 6.25 和图 6.26 可以知道，退火处理能够大大减小横向弯曲的轧制差厚板 U 型件的回弹量，并且使得整块差厚板的回弹比较均匀。

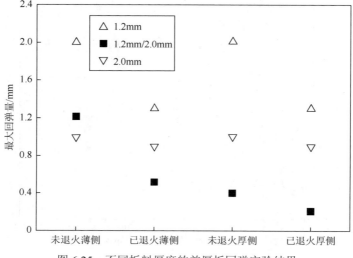

图 6.25　不同板料厚度的差厚板回弹实验结果

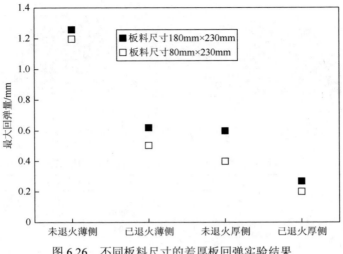

图 6.26　不同板料尺寸的差厚板回弹实验结果

图 6.27 和图 6.28 为仿真与实验结果的对比图。图 6.27 显示了横向弯曲的差厚板 U 型件在成形后各部分厚度的仿真值与实验值非常接近，只是在过渡区位置稍有差别。这主要是由于在仿真中差厚板过渡区的厚度并不是像实际当中那样连续变化的，而只能将过渡区近似为多个等厚板的组合，划分等厚板数量越多，那么仿真与实验结果也将更为接近。由图 6.28 可知，仿真计算所得的回弹量和实验实测值比较接近，数值模拟能够较好地描述板料回弹的实际情况。

总的来说，由图 6.23～图 6.26、图 6.28 均可以看出，经过退火工艺处理后，差厚板整体的回弹量大幅度减小，整块差厚板的回弹分布更为均匀。

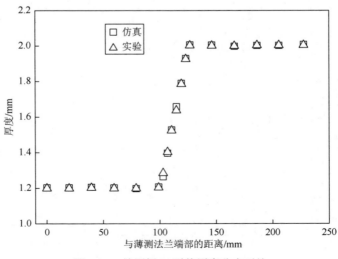

图 6.27　差厚板 U 型件厚度分布对比

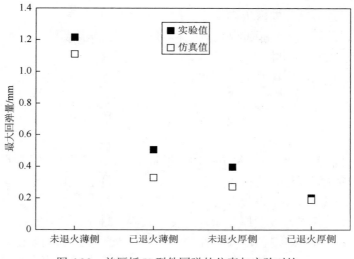

图 6.28　差厚板 U 型件回弹的仿真与实验对比

6.3　差厚板横向弯曲回弹及过渡区移动的控制方法

1. 限制回弹的措施

综合本章对于差厚板横向弯曲回弹影响因素的分析，结合回弹控制的常用方法，提出以下抑制差厚板回弹的措施。

（1）采用退火处理。
（2）选用弹性模量较大且屈服极限较小的材料。
（3）采用较小的板料尺寸。
（4）选用较大的板料厚度以及厚度差。
（5）选取较长的过渡区。
（6）使得过渡区位于板料中心。
（7）适当增大压边力。
（8）采用较小的模具间隙。
（9）采用适中的摩擦系数。

2. 抑制过渡区移动的措施

（1）选用弹性模量较大且屈服极限较小的材料。
（2）采用较小的板料尺寸。
（3）选用较小的板厚差。
（4）选取合理的过渡区长度。

（5）使得过渡区偏向薄板侧（增大厚板侧比例）。
（6）合适的压边力对于抑制过渡区移动有较好的效果。
（7）较小的模具间隙。
（8）采用较大的摩擦系数。

6.4 本章小结

本章对轧制差厚板 U 型件的横向弯曲回弹特性进行了研究，并且对成形过程中过渡区的移动问题进行了探讨。通过弯曲成形及回弹仿真分析了差厚板 U 型件的厚度分布、回弹大小、过渡区移动以及应力应变分布状态。分别讨论了材料性能、板料尺寸、板料厚度及厚度差、过渡区长度、过渡区位置、压边力、凸凹模间隙、摩擦系数等因素对差厚板 U 型件回弹量以及过渡区移动的影响。最后，采用优化的仿真参数进行实验，将仿真结果与实验结果进行对比，并提出了差厚板横向弯曲回弹及过渡区移动的控制方法。通过研究，得到以下结论。

（1）对于横向弯曲的轧制差厚板 U 型件，成形后厚度变化较小，这说明了零件的塑性变形也比较小，因而会产生较大的回弹。

（2）横向弯曲的轧制差厚板不存在沿弯曲轴方向上的不均匀回弹。未退火时，薄侧回弹量大于厚侧；退火后，薄侧与厚侧的回弹量相差不大。已退火差厚板的回弹量要小于未退火差厚板，已退火差厚板厚度过渡区移动量要大于未退火差厚板。

（3）经退火处理后，差厚板卸载前后的应力差减小，等效塑性应变增大，这两个因素正是已退火差厚板 U 型件回弹量减小的原因。

（4）从低碳钢、高强钢、不锈钢到铝合金，回弹量与过渡区移动量均依次增大。

（5）板料尺寸对差厚板横向弯曲性能的影响相对较小。

（6）随着板厚以及板厚差的增大，回弹减小，而过渡区的位移增大。

（7）随着过渡区长度的增大，差厚板回弹量逐渐减小，过渡区移动量呈现先减小后增大的趋势。

（8）随着薄侧板料比例的增大，差厚板薄侧回弹量呈现先减小后增大的趋势，差厚板厚侧回弹量逐渐减小，而过渡区移动量则不断增大。

（9）随着压边力的增大，差厚板的回弹逐渐减小，这种趋势对于未退火差厚板尤为显著，而大小适中的压边力能够很好地限制差厚板的过渡区位移。

（10）差厚板的回弹量随着模具间隙的增大而增大，而过渡区移动量受模具间隙的影响较小。

（11）随着摩擦系数的增大，差厚板回弹量呈现先减小后增大的趋势，而过渡区移动量则逐渐减小。

第 7 章 轧制差厚板在某车型 A 柱加强板上的应用研究

在前面的章节中分别研究了轧制差厚板的基本力学性能、拉深成形技术以及弯曲成形技术。在上述研究成果的基础上，本章主要研究轧制差厚板在车身 A 柱加强板上的实际应用。

7.1 A 柱加强板介绍

汽车 A 柱加强板在车身中不仅要保证 A 柱能够承受一定的撞击，同时还作为车门铰链的安装部位，需要有足够的刚度和强度。另外从装配角度考虑，A 柱加强板的法兰需要与 A 柱进行连接，有着较高的装配精度要求。因此，A 柱加强板的成形质量不仅决定其自身的使用性能，还会影响车门的装配精度。对于 A 柱加强板而言，由于其自身形状为梁结构，回弹是其主要缺陷，如果不能很好地控制回弹将会极大地影响装配精度[195]。为了实现车身的轻量化，本书考虑采用两块尺寸较小的加强板来替代原来的一整块大的 A 柱加强板，并用轧制差厚板代替普通的等厚板，在安装铰链一侧板料厚度为 2.0mm，另一侧板料厚度为 1.2mm，力求在满足刚度和强度要求的前提下，达到减重的目的。本书所设计的 A 柱加强板如图 7.1 所示。

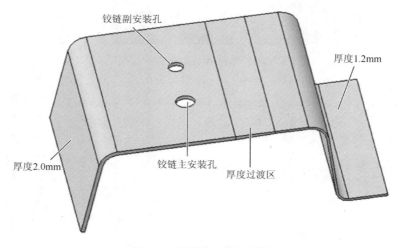

图 7.1 差厚板 A 柱加强板

7.2 差厚板 A 柱加强板冲压成形及回弹分析

采用 1.2mm/2.0mm 差厚板代替 2.0mm 等厚板后，零件的重量降低 18.3%。同时，在差厚板 A 柱加强板零件的设计之初，便考虑了其强度和刚度需求，并通过结构分析证实了零件在这两方面完全能够满足要求，接下来就需要进一步分析零件的冲压成形及回弹特性。

差厚板 A 柱加强板冲压模型如图 7.2 所示。为了获得更高的零件精度，采用聚氨酯来补偿薄厚两侧板料之间的模具间隙差。冲压成形及回弹结果如图 7.3～图 7.5 所示。

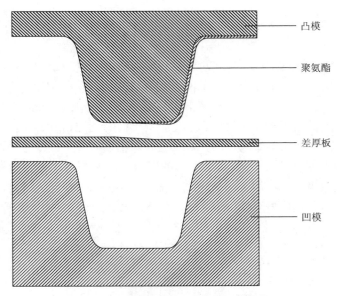

图 7.2　差厚板 A 柱加强板冲压模型

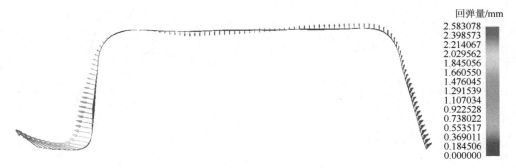

图 7.3　差厚板 A 柱加强板的回弹趋势

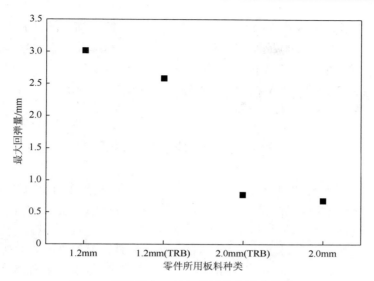

图 7.4　不同厚度 A 柱加强板最大回弹量对比

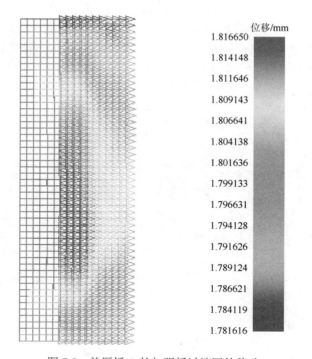

图 7.5　差厚板 A 柱加强板过渡区的移动

图 7.3 显示了差厚板 A 柱加强板的回弹趋势。由图 7.3 可以知道，整个零件的回弹量较大，尤其具有法兰的薄侧回弹量更大，最大回弹量超过了 2.5mm。

图 7.4 为不同板料厚度的等厚板以及差厚板 A 柱加强板的回弹对比图。由图 7.4 中可以看出，差厚板的回弹量介于薄等厚板和厚等厚板之间，而且差厚板薄侧的回弹量要大于其厚侧的回弹量。

图 7.5 给出了差厚板 A 柱加强板过渡区的移动情况。由图 7.5 中可以看出，过渡区的最大移动量不超过 2mm。

7.3 优化设计

由于差厚板 A 柱加强板在成形过程中容易发生过渡区移动和回弹缺陷，需要采取相应措施来解决。由 7.2 节的分析可知，差厚板 A 柱加强板的过渡区位移较小，且沿过渡区宽度方向上分布均匀，因此通过调整板料在模具上的位置便可以补偿过渡区的移动，得到符合工艺要求的差厚板零件。而差厚板 A 柱加强板的回弹值较大，严重影响差厚板零件的精度，需要进一步进行限制。由第 5 章和第 6 章对差厚板 U 型件的分析可以知道，退火处理能够减小差厚板的回弹。另外，还可以尝试在结构上采取措施来控制差厚板 A 柱加强板的回弹。考虑在零件的底部圆角处采用加强肋，一方面可以补偿差厚板厚度减薄所带来的零件弯曲刚度的损失，另一方面则试图通过这一办法来减小差厚板零件的回弹，尤其是差厚板薄侧的回弹。改进后的差厚板 A 柱加强板零件如图 7.6 所示。

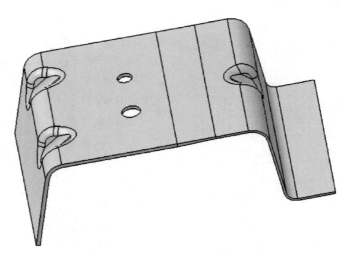

图 7.6 优化后的差厚板 A 柱加强板

表 7.1 给出了差厚板 A 柱加强板过渡区的移动量对比。可以看出，采用退火处理后，过渡区移动量有所增加，而采用加强肋则可以减小过渡区的移动。正如前面所讨论的，通过调整差厚板在模具上的初始位置便可以补偿过渡区的移动，

因此过渡区移动相对回弹而言属于影响差厚板 A 柱加强板成形性能的次要因素。退火后差厚板零件的过渡区移动量较退火前有所增大的原因在第 6 章中已经进行了分析，这里不再赘述。采用加强肋后，削弱了薄、厚两侧材料流动的不均匀性，使得过渡区移动量降低。

表 7.1 差厚板 A 柱加强板过渡区的移动

项目	未退火		已退火	
	无加强肋	有加强肋	无加强肋	有加强肋
过渡区最大位移/mm	1.82	0.99	2.38	2.00

图 7.7～图 7.10 给出了差厚板 A 柱加强板的冲压回弹结果。

图 7.7 显示了加强肋对回弹的影响，图 7.8 显示了退火对回弹的影响，而图 7.9 则显示了加强肋和退火对回弹的综合影响。可以看出，加强肋与退火处理均可以减小差厚板 A 柱加强板的回弹量，尤其是其薄侧的回弹量。同时采取这两种手段，则可以最大限度地抑制回弹现象的发生，将整块差厚板的回弹降低到 0.5mm 以下，并且整个零件的回弹比较均匀。采用加强肋后差厚板零件的刚度大大提高，在相同弯曲力的作用下发生的弹性变形减小，因此回弹值降低。图 7.10 为差厚板零件截面上的回弹分布图。由图中可以看出，采用加强肋后，零件薄厚两侧回弹量的减小幅度相差不大；而退火处理对厚侧回弹的影响不大，但是能够极大地减小薄侧的回弹量。同时采用加强肋以及退火工艺后，差厚板 A 柱加强板零件的回弹量大大减小，而且差厚板截面上的回弹量除了在零件底部略有波动，整体的回弹分布非常均匀。

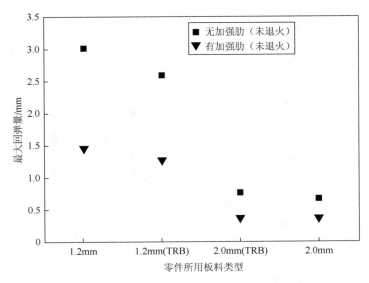

图 7.7 加强肋对 A 柱加强板回弹的影响

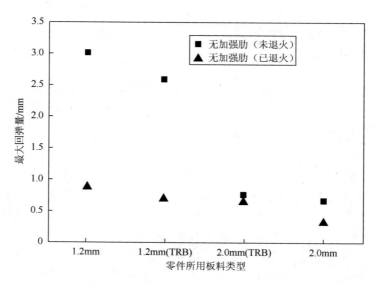

图 7.8 退火对 A 柱加强板回弹的影响

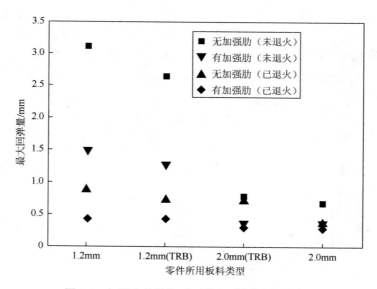

图 7.9 加强肋和退火对 A 柱加强板回弹的影响

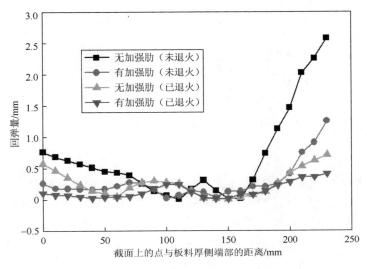

图 7.10　差厚板 A 柱加强板横截面上的回弹

7.4　本章小结

本章研究了轧制差厚板在某车型 A 柱加强板上的应用，分析了 A 柱加强板的特点，考虑了退火以及加强肋对零件回弹和过渡区移动的影响，并得到以下结论。

（1）将经过退火处理的轧制差厚板应用于某车型的 A 柱加强板，并在零件结构上采用加强肋，可以极大限度地抑制回弹现象的发生，将整块差厚板的回弹量降低到 0.5mm 以下，而且零件的回弹分布比较均匀。

（2）采用 1.2mm/2.0mm 差厚板代替 2.0mm 等厚板，A 柱加强板的重量减少 18.3%。因此，将轧制差厚板用于 A 柱加强板的制造，能够在满足强度、刚度以及工艺要求的前提下，取得比较理想的减重效果。

第 8 章 结论与展望

8.1 结 论

随着能源紧缺与环境污染问题的加剧,车身轻量化越来越受到人们的关注。正是基于轻量化的目的,轧制差厚板于 20 世纪 90 年代在德国的亚琛工业大学被研发出来。将轧制差厚板应用于汽车零部件的制造,能够在满足刚度和强度要求的前提下极大地减轻车身重量。而且与激光拼焊板相比,轧制差厚板还具有性能变化平缓、表面质量高、减重效果好等优点。轧制差厚板在欧美一些国家的汽车企业已经开始进入实际应用阶段,并且展示出了极大的发展潜力。

然而,在轧制差厚板获得广泛的应用之前,必须对其成形技术有更进一步的分析研究。建立成形理论,分析成形性能,掌握成形缺陷发生的机制以及规律,准确定位缺陷发生的地点,通过改进成形工艺以及模具型面抑制缺陷的出现,最终获得优质的轧制差厚板汽车零部件。本书通过理论、仿真、实验三者相结合的方式对轧制差厚板的成形技术进行了系统研究,得到以下主要结论。

(1) 通过对轧制差厚板基本力学性能的研究,分析了差厚板硬度分布情况,建立了差厚板单向拉伸的力学解析模型,推导了不均匀变形量公式,掌握了差厚板在单向拉伸过程中的变形特点,构造了差厚板应力应变场,获得了差厚板的基本力学性能参数,解决了数值仿真过程中差厚板的材料参数问题,为针对轧制差厚板的深入研究奠定了基础,同时也为差厚板的建模问题提供了很好的思路。研究得到以下结论。

① 未退火差厚板薄侧的硬度大于厚侧,过渡区的硬度随着厚度的增大而减小;已退火差厚板硬度降低,且整块板料的硬度相差不大。

② 已退火差厚板的强度降低、塑性增强,单向拉伸试样的伸长率增大;无论对于已退火差厚板还是未退火差厚板,拉伸试样薄侧的应变均大于厚侧,变形会集中于薄侧进行,并最终在薄侧发生缩颈。

③ 差厚板单向拉伸力学解析模型以及不均匀变形量公式能够较为准确地描述差厚板的单向拉伸变形过程。

(2) 通过对轧制差厚板盒形件拉深成形技术的研究,探讨了差厚板盒形件的应力状态和变形特点，掌握了差厚板盒形件缺陷的发生机理，确定了缺陷发生的位置，并给出了缺陷的解决办法，获得了差厚板拉深成形性能随不同因素的变化趋势，能够为更好地控制板料厚度的过度减薄、过度增厚以及抑制过渡区的移动，提高差厚板盒形件的拉深成形性能提供依据。研究得到以下结论。

①不均匀性是差厚板盒形件在变形过程中的最大特点，差厚板盒形件在变形速度、应力以及变形方面均是圆角部位大于直边部位、薄板侧大于厚板侧。

②差厚板盒形件通常会在薄侧法兰区或过渡区法兰部分产生起皱，在薄侧圆角或侧壁部位首先发生破裂。可以采用阶梯状模具间隙调整板和分块压边圈以及薄厚侧板料压边力的合理匹配来抑制起皱现象的发生，通过对薄侧板料采取减小压边力、改善润滑条件、增大凹模圆角半径等措施来防止破裂现象的出现。

③差厚板盒形件底部过渡区向厚板侧移动，法兰过渡区向薄板侧移动。采用分块压边圈和与差厚板型面相适应的阶梯状模具间隙调整板，并且在薄板侧施加比厚板侧更大的压边力对于抑制过渡区移动有较好的效果。

④一般来说，退火工艺、只随位置变化且薄板侧比厚板侧更大的压边力、较小的板料厚度差和板料尺寸、合理的厚度过渡区长度以及过渡区位于板料中心对于提高轧制差厚板盒形件的拉深成形性能是有利的。

（3）通过对轧制差厚板 U 型件弯曲成形技术的研究，推导了差厚板回弹前后的曲率变化公式以及回弹角计算公式，分析了差厚板 U 型件的厚度、应力应变以及回弹分布情况，认识到退火处理对减小差厚板回弹的重要作用，掌握了不同因素对差厚板 U 型件回弹以及过渡区移动的影响，这些研究成果能够为轧制差厚板应用于车身梁结构的制造提供指导性建议。研究得到以下结论。

①弯曲成形后各部分的厚度变化很小，这说明了差厚板 U 型件在成形过程中的塑性变形也比较小，板料成形不充分，因而会产生比较严重的回弹现象。

②未退火时，差厚板薄侧的回弹量远大于厚侧，纵向弯曲的轧制差厚板 U 型件沿弯曲轴方向上存在着不均匀的回弹分布，而横向弯曲的差厚板则在垂直于弯曲轴方向上存在着回弹量的不同，并且厚度过渡区发生较大移动。退火处理能够显著减小差厚板尤其是其薄侧的回弹量，使得整块差厚板的回弹比较均匀，但是也会导致横向弯曲差厚板的过渡区移动量增加。

③经退火处理后，差厚板卸载前后的应力差减小，等效塑性应变增大，这两者解释了已退火差厚板 U 型件回弹量减小的原因。

④差厚板的几何参数和成形工艺参数均会对其回弹和过渡区移动产生较大影响，在工程应用中可以根据本书的研究成果，并结合实际生产情况进行选取。

（4）通过对轧制差厚板在某车型 A 柱加强板上的应用进行研究，得到以下结论。

①将经过退火处理的轧制差厚板应用于 A 柱加强板，并在零件结构上采用加

强肋,可以极大限度地抑制回弹现象的发生,将整块差厚板的回弹量降低,而且使得零件的回弹分布非常均匀。

②将轧制差厚板应用于车身零件的制造,能够在满足零件性能要求的前提下,极大地减轻零件的重量,实现车身的轻量化。

8.2 展　　望

本书对轧制差厚板的成形技术进行了较为系统的研究,取得了一定的研究成果,但仍然有以下内容需要进一步研究。

（1）由于实验原材料的限制,本书的实验工作开展得还不够全面。今后可在本书实验工作的基础上增加杯突实验、胀形实验等,对轧制差厚板的基本性能进行更全面的研究。此外,还需要对本书已有的实验进行补充,对于仿真中每个板料几何参数及工艺参数,均有与之相对应的实验,以便对仿真工作进行更加充分的验证。

（2）为了提高差厚板成形数值模拟的效率和精度,需要对现有商业有限元软件进行完善。在前处理中增加差厚板的有限元建模模块,能够快速准确地建立差厚板成形的有限元模型;需要在求解器中采用更加符合差厚板实际情况的本构模型以及新的接触搜索算法和摩擦力计算方法来对差厚板的成形过程进行模拟,精确地模拟差厚板在成形过程中的真实状态;需要在后处理中开发专门用于差厚板的成形极限图,能够准确地评价轧制差厚板的成形性能。

（3）考虑将金属板料成形领域新出现的一些成形技术,像热冲压成形、液压成形等引入差厚板零件的制造,以便提高差厚板的成形性能,获取更高质量的差厚板零件,推动差厚板在汽车轻量化领域的广泛应用。

参 考 文 献

[1] 董帝,韩静涛,刘靖. 超轻量汽车用 TRB 板及柔性轧制技术研究[C]. 2007 年全国塑性加工理论与新技术学术研讨会. 沈阳:中国金属学会,2007:75-80.

[2] 文彤. 汽车轻结构趋势引发的新材料新工艺——汽车车身制造中的若干新技术[J]. 汽车与配件,2008,9(4):28-32.

[3] 施志刚,王宏雁. 变截面薄板技术在车身轻量化上的应用[J]. 上海汽车,2008,(8):36-39.

[4] 杜继涛,齐从谦. 连续变截面辊轧板及其应用关键[J]. 汽车技术,2005,(9):33-35.

[5] Dressler B,Kempinger K,Lief K,et al. More intelligent lightweighting:The revolutionary body concept of the new BMW 5-series[J]. ATZ Automobiltechnische Zeitschrift,2003,105:38-40.

[6] Kleiner M,Chatti S,Klaus A. Metal forming techniques for lightweight construction[J]. Journal of Materials Processing Technology,2006,177(1-3):2-7.

[7] Kleiner M,Geiger M,Klaus A. Manufacturing of lightweight components by metal forming[J]. CIRP Annals-Manufacturing Technology,2003,52(2):521-542.

[8] 李桂华,熊飞,龙江启. 车身材料轻量化及其新技术的应用[J]. 材料开发与应用,2009,24(2):87-93.

[9] 骆锐,王艳,吴沁. 汽车轻量化前沿制造技术的研究进展[J]. 制造技术与机床,2010,(10):142-145.

[10] 孙永飞,景作军. 汽车轻量化技术及其应用[J]. 汽车与配件,2010,23(6):32-35.

[11] 唐靖林,曾大本. 面向汽车轻量化材料加工技术的现状及发展[J]. 金属加工(热加工),2009,(11):11-16.

[12] 王智文. 汽车轻量化技术发展现状初探[J]. 汽车工艺与材料,2009,(2):1-5.

[13] 朱宏敏. 汽车轻量化关键技术的应用及发展[J]. 应用能源技术,2009,(2):10-12.

[14] Shi M F,Pickett K M,Bhatt K K. Formability issues in the application of tailor welded blank sheets[C]. SAE International Congress & Exposition,Detroit,1993.

[15] Kusuda H. Formability of tailored blanks[J]. Journal of Materials Processing Technology,1997,71(1):134-140.

[16] Kinsey B,Liu Z,Cao J. A novel forming technology for tailor-welded blanks[J]. Journal of Materials Processing Technology,2000,99(1-3):145-153.

[17] Saunders F I,Wagoner R H. Forming of tailor-welded blanks[J]. Metallurgical and Materials Transactions A,1996,27(9):2605-2616.

[18] 张士宏,程欣,郎利辉,等. 拼焊板焊接工艺及其对拼焊板塑性变形影响的试验研究[J]. 材料科学与工艺,1999,7(增):143-147.

[19] Meinders T. Deep drawing simulations of Tailored Blanks and experimental verification[J]. Journal of Materials Processing Technology,2000,103(1):65-73.

[20] Pallett R J. The use of tailored blanks in the manufacture of construction components[J]. Journal of Materials Processing Technology,2001,117(1-2):249-254.

[21] Pan F,Zhu P,Zhang Y. Metamodel-based lightweight design of B-pillar with TWB structure via support vector regression[J]. Computers and Structures,2010,88(1-2):36-44.

[22] Chatti S, Heller B, Kleiner M, et al. Forming and further processing of tailor rolled blanks for lightweight structures[J]. Advanced Technology of Plasticity, 2002, 2: 1387-1392.

[23] Hauger A, Muhr T, Kopp R. Flexible rolling of tailor rolled blanks[J]. Stahl Und Eisen, 2006: 21-23.

[24] Meyer A, Wietbrock B, Hirt G. Increasing of the drawing depth using tailor rolled blanks——Numerical and experimental analysis[J]. International Journal of Machine Tools and Manufacture, 2008, 48 (5): 522-531.

[25] 兰凤崇, 唐杰, 钟阳, 等. 差厚板汽车B柱轻量化设计[J]. 现代零部件, 2011, (12): 62-65.

[26] Liu X H. Prospects for variable gauge rolling: Technology, theory and application[J]. Journal of Iron and Steel Research International, 2011, 18 (1): 1-7.

[27] Kopp R, Wiedner C, Meyer A. Flexibly rolled sheet metal and its use in sheet metal forming[J]. Advanced Materials Research, 2005, 6-8: 81-92.

[28] Kopp R, Wiedner C, Meyer A. Flexible rolling for load-adapted blanks[J]. International Sheet Metal Review, 2005, 4: 20-24.

[29] 刘相华, 吴志强, 支颖, 等. 差厚板轧制技术及其在汽车制造中的应用[J]. 汽车工艺与材料, 2011, (1): 30-34.

[30] 张华伟. 轧制差厚板成形性能研究[D]. 大连: 大连理工大学, 2012.

[31] 包向军. 变截面薄板弯曲成形回弹的实验研究和数值模拟[D]. 上海: 上海交通大学, 2003.

[32] Schwarz N, Kopp R, Ebert A, et al. Flexible rolled sheets for load-adapted components[J]. Werkstatt und Betrieb, 1998, 131 (5): 424-427.

[33] Hauger A. Flexibles Walzen als kontinuierlicher Fertigungsprozess für Tailor Rolled Blanks[D]. Aachen: RWTH Aachen, 2000.

[34] Kopp R, Bohlke P. A new rolling process for strips with a defined cross section[J]. CIRP Annals-Manufacturing Technology, 2003, 52 (1): 197-200.

[35] Ryabkov N, Jackel F, Putten K, et al. Production of blanks with thickness transitions in longitudinal and lateral direction through 3D-strip profile rolling[J]. International Journal of Material Forming, 2008, 1 (S1): 391-394.

[36] Hirt G, Davalos-Julca D H. Tailored profiles made of tailor rolled strips by roll forming-part 1 of 2[J]. Steel Research International, 2012, 83 (1): 100-105.

[37] 杜平, 胡贤磊, 王君, 等. 纵向变截面钢板的发展和应用[J]. 轧钢, 2008, 25 (1): 47-50.

[38] 杜平, 胡贤磊, 王君, 等. 变截面轧制过程的多点动态设定[J]. 钢铁研究学报, 2009, 21 (11): 27-30.

[39] 杜平, 胡贤磊, 王君, 等. 纵向变截面轧制过程中的轧制参数[J]. 钢铁研究学报, 2008, 20 (12): 26-30.

[40] Liu X H, Zhao Q L, Liu L Z. Recent development on theory and application of variable gauge rolling, a review[J]. Acta Metallurgica Sinica (English Letters), 2014, 27 (3): 483-493.

[41] 张广基, 刘相华, 胡贤磊, 等. 变厚度轧制轧件水平速度变化规律[J]. 东北大学学报(自然科学版), 2013, 34 (1): 75-79.

[42] 刘相华, 张广基. 变厚度轧制过程力平衡微分方程[J]. 钢铁研究学报, 2012, 24 (4): 10-13, 18.

[43] 刘相华, 高琼, 苏晨, 等. 变厚度轧制理论与应用的新进展[J]. 轧钢, 2012, 29 (3): 1-7.

[44] 杜继涛. TRB轧制建模及其在汽车覆盖件上应用的关键技术[D]. 上海: 同济大学, 2008.

[45] 杜继涛, 甘屹, 齐从谦, 等. TRB及其轧制应用关键技术[J]. 汽车技术, 2007, (7): 45-48.

[46] 杜继涛, 李艳华. TRB轧制辊缝控制集成建模及其应用关键[J]. 仪器仪表学报, 2009, 30 (6增): 176-179.

[47] 杜继涛, 李艳华, 费宏斌. 基于模糊重心理论的TRB工艺方案评价[C]. 2009中国控制与决策会议. 桂林: IEEE工业电子分会, 2009: 6008-6013.

[48] 杜继涛, 齐从谦, 甘屹. TRB轧制集成建模及成型关键技术[J]. 汽车技术, 2008, (9): 56-59.

[49] 杜继涛, 齐从谦. 变截面薄板在车身制造中的应用研究[J]. 锻压技术, 2005, (增刊): 38-43.

[50] 杜继涛. 连续变截面复合板集成建模及其成形关键[C]. 2010 中国控制与决策会议. 徐州: IEEE 工业电子分会, 2010: 3777-3780.

[51] 任灏宇, 杜继涛. 连续变截面板的轧制控制[J]. 机械制造与自动化, 2008, 37 (2): 143-144.

[52] 丁雷. 变厚度板材的轧制技术及其厚度控制模型研究[D]. 太原: 太原科技大学, 2011.

[53] 余伟, 孙广杰, 张飞. 变厚度区薄板轧制的辊缝设定模型与试验[J]. 材料科学与工艺, 2014, 22 (3): 41-45.

[54] 余伟, 孙广杰. TRB 薄板变厚度轧制中前滑理论模型和数值模拟[J]. 北京科技大学学报, 2014, 36 (2): 241-245.

[55] Wang D C, Dong L C, Liu H M, et al. Velocity preset and transitional zone's shape optimization for tailor rolled blank[J]. Journal of Iron and Steel Research (International), 2015, 22 (4): 279-287.

[56] 董连超. 变厚度轧制金属流动规律[D]. 秦皇岛: 燕山大学, 2013.

[57] Zhang Y, Tan J. Numerical simulation and vertical motion control of rolls for variable gauge rolling[J]. Journal of Iron and Steel Research (International), 2015, 22 (8): 703-708.

[58] Wiedner C. Formänderungsanalysen und Umformversuche an innovativen Blechhalb zeugen[D]. Aachen: RWTH Aachen, 1999.

[59] Friedrich O. Untersuchungen der Tiefziehsimulationen von flexibel gewalzten Prinzipbauteilen aus St14 dem Programmsystem LS-DYNA[D]. Aachen: RWTH Aachen, 1999.

[60] Wiedner C. Finite elemente simulation des streckziehens von tailor rolled blanks[D]. Aachen: RWTH Aachen, 2000.

[61] Witulski N. Untersuchungen zum streckziehen von flexibel gewalzten Blechen[D]. Aachen: RWTH Aachen, 2000.

[62] Ebert A. Umformung von platinen mit lokal unterschiedlichen Dicken[D]. Aachen: RWTH Aachen, 2001.

[63] Greisert C, Ebert A, Wiedner C, et al. Forming behaviour of tailor rolled blanks[C]. Second Global Symposium on Innovations in Materials Processing and Manufacturing: Sheet Materials. New Orleans, 2001: 161-172.

[64] Urban M, Krahn M, Hirt G, et al. Numerical research and optimisation of high pressure sheet metal forming of tailor rolled blanks[J]. Journal of Materials Processing Technology, 2006, 177 (1-3): 360-363.

[65] Kleiner M, Homberg W, Krux R. High-pressure sheet metal forming of large scale structures from sheets with optimised thickness distribution[J]. Steel Research International, 2005, 76 (2-3): 177-181.

[66] Kleiner M, Kopp R, Homberg W, et al. High-pressure sheet metal forming of tailor rolled blanks[J]. Annals of the WGP, Production Engineering, 2004, 11 (2): 109-114.

[67] Krux R, Homberg W, Kleiner M. Properties of large-scale structure workpieces in high-pressure sheet metal forming of tailor rolled blanks[J]. Steel Research International, 2005, 76 (12): 890-896.

[68] van Putten K, Urban M, Kopp R. Computer aided product optimization of high-pressure sheet metal formed tailor rolled blanks[J]. Steel Research International, 2005, 76 (12): 897-904.

[69] Kim D, Kim J, Lee Y, et al. Study of residual stresses in tailor rolled blanked Al5J322T4 sheets[J]. Rare Metals, 2006, 25 (6, S2): 111-117.

[70] Yang R J, Fu Y, Li G. Application of tailor rolled blank in vehicle front end for frontal impact[C]. SAE International, Detroit, 2007.

[71] Kim H W, Lim C Y. Annealing of flexible-rolled Al–5.5wt%Mg alloy sheets for auto body application[J]. Materials and Design, 2010, 31 (S1): 71-75.

[72] Weinrich A, Becker C, Maevus F, et al. Bending of tailored blanks using elastic tools[J]. Advanced Materials

Research, 2014, 1018: 301-308.

[73] Chuang C H, Yang R J, Li G, et al. Multidisciplinary design optimization on vehicle tailor rolled blank design[J]. Structural and Multidisciplinary Optimization, 2007, 35 (6): 551-560.

[74] 姜银方, 方雷, 李志飞, 等. 连续变截面板及其应用中存在的关键问题[J]. 制造技术与机床, 2011, (1): 144-148.

[75] 姜银方, 靖娟, 王永良, 等. 变截面板方盒形件成形参数的正交试验分析[J]. 模具工业, 2009, 35 (1): 8-11.

[76] 姜银方, 王勇良, 袁国定, 等. 连续变截面横梁回弹特性及控制[J]. 机械设计, 2010, 27 (1): 10-13.

[77] Jiang Y F, Fang L, Li Z F, et al. Formability window of tailor rolled blanks at blank-holder force[J]. Advanced Materials Research, 2010, 156-157: 488-491.

[78] 严有琪, 方雷, 姜银方. 基于分块压边圈的变截面板方盒成形比较分析[J]. 科技创新导报, 2010, (30): 36-37.

[79] 袁国定, 靖娟, 王友华, 等. 变压边力对连续变截面辊压板成形性能的研究[J]. 锻压技术, 2009, 34 (2): 50-53.

[80] 李艳华, 杜继涛, 费宏斌. 利用 ABAQUS 与正交试验理论的 TRB 成形参数优化[J]. 现代制造工程, 2009, (11): 136-138.

[81] 李艳华, 杜继涛, 费宏斌. 影响 TRB 单向拉伸的几何参数研究[J]. 现代制造工程, 2010, (3): 83-85.

[82] 崔会杰, 汪建敏, 钱春苗, 等. 变截面板方盒形件拉深过程中厚度过渡区移动的研究[J]. 热加工工艺, 2012, 41 (21): 130-133.

[83] 贾朋举. 变截面薄板的冲压成形性能研究[D]. 重庆: 重庆大学, 2011.

[84] 温彤, 贾朋举, 方刚, 等. 连续变截面薄板的塑性变形特点及其冲压成形性能[J]. 热加工工艺, 2010, 39 (23): 107-109.

[85] 支颖, 田野, 张金连, 等. 冷轧差厚板退火组织性能的实验研究[J]. 东北大学学报（自然科学版）, 2014, 35 (5): 671-675.

[86] 田野. Cr340 冷轧差厚板的退火工艺及组织演变[D]. 沈阳: 东北大学, 2012.

[87] 邓仁昐, 张广基, 刘相华. 轧制差厚板力学性能试验及数值模拟研究[J]. 锻压技术, 2014, 39 (6): 32-36.

[88] 徐增密. 基于侧面碰撞和新型板材的 B 柱轻量化优化[D]. 大连: 大连理工大学, 2012.

[89] 高俊哲. 轧制差厚板的冲压工艺研究及其在汽车前防撞梁的应用[D]. 大连: 大连理工大学, 2013.

[90] 霍孝波. 基于新型板材的汽车车门轻量化优化设计[D]. 大连: 大连理工大学, 2013.

[91] 杨艳明. 车用波纹板及变厚度圆管辊弯成型设计与分析[D]. 大连: 大连理工大学, 2013.

[92] 李佳光. 应用于 B 柱内板的 TRB 优化设计与仿真研究[D]. 广州: 华南理工大学, 2013.

[93] 王艳青, 李军, 陈云霞. TRB 差厚板在汽车前纵梁上的应用[J]. 汽车工艺与材料, 2013, (6): 10-13.

[94] 杨兵, 高永生, 张文, 等. 变厚板（VRB）冲压成形数值模拟[J]. 塑性工程学报, 2015, 22 (1): 88-93.

[95] 杨兵, 高永生, 张文, 等. 基于变厚板（VRB）的汽车前纵梁内板开发[J]. 塑性工程学报, 2014, 21 (2): 76-80.

[96] 吴昊, 杨兵, 高永生, 等. 变厚板材料模型表征方法的比较研究[J]. 锻压技术, 2014, 39 (6): 37-40, 44.

[97] 吴昊. 变厚板冲压成形数值模拟与实验研究[D]. 上海: 上海交通大学, 2014.

[98] 余伟, 孙广杰, 张飞. 冷轧 TRB 薄板的连续退火工艺试验研究[J]. 北京工业大学学报, 2015, 41 (2): 293-298.

[99] 夏元峰. 变厚度汽车 B 柱冲压成形工艺研究及模具设计[D]. 哈尔滨: 哈尔滨工业大学, 2013.

[100] 雷呈喜, 邢忠文, 徐伟力, 等. 高强钢 TRB 高温下热流变特性[J]. 材料科学与工艺, 2015, 23 (3): 66-70.

[101] 李云. 基于韧性断裂准则的高强钢 TRB 热成形破裂预测研究[D]. 哈尔滨: 哈尔滨工业大学, 2014.

[102] Woo D M. The analysis of axisymmetric forming of sheet metal and the hydrostatic bulging process[J]. International Journal of Mechanical Science, 1964, 6 (4): 303-317.

[103] Iseki H, Jimma T, Murota T. Finite element method of analysis of hydrostatic bulging of a sheet metal（Part 1）[J].

Bulletin of the JSME,1974,12(112):1240-1246.

[104] Wifi A S. An incremental comlplete solution of the stretch-forming and deep-drawing of a circular blank using a hemispherical punch[J]. International Journal of Mechanical Science,1976,18(1):23-31.

[105] Wang N M, Wenner M L. Elastic-viscoplastic analysis of simple stretching forming processes[C]. Mechanics of Sheet Metal Forming. New York:Plenum Press,1978:367-391.

[106] Kobayashi S, Kim J H. Deformation analysis of axisymmetric sheet metal forming processes by rigid-plastic finite element method[C]. Mechanics of Sheet Metal Forming. New York:Plenum Press,1978:341-365.

[107] Mehta H S, Kobayashi S. Finite element analysis and experimental investigation of sheet metal stretching[J]. Journal of Applied Mechanics,1973,40:874-880.

[108] Wang N M, Budiansky B. Analysis of sheet metal stamping by a finite element method[J]. Journal of Applied Mechanics,ASME,1978,45(1):73-82.

[109] Tang S C. Finite element prediction of the deformed shape of automobile trunk deck-lid during the binder-wrap stage[C]. Experimental Verification of Process Models. American Society for Metals,1983:189-203.

[110] Tang S C. Verification and application of a binder wrap analysis[C]. Computer Modeling of Sheet Metal Forming Process:Theory,Verification and Application. Michigan:Ann Arbor,1985:193-208.

[111] Toh C H, Kobayashi S. Deformation analysis and blank design in square cup drawing[J]. International Journal of Machine Tools Design Engineering,1985,25(1):15-32.

[112] 朱谨,王学文,阮雪榆. 方盒形带凸缘件的板料形状优化设计[J]. 塑性工程学报,1994,(2):57-64.

[113] Ahmetoglu M, Broek T, Kinzel G, et al. Control of blank holder force to eliminate wrinkling and fracture in deep-drawing rectangular parts[J]. CIRP Annals-Manufacturing Technology,1995,44(1):247-250.

[114] Esche S K, Khamitkar S, Kinzel G L, et al. Process and die design for multi-step forming of round parts from sheet metal[J]. Journal of Materials Processing Technology,1996,59(1-2):24-33.

[115] Lee C H, Huh H. Three dimensional multi-step inverse analysis for the optimum blank design in sheet metal forming processes[J]. Journal of Materials Processing Technology,1998,80-81:76-82.

[116] Obermeyer E, Majlessi S. A review of recent advances in the application of blank-holder force towards improving the forming limits of sheet metal parts[J]. Journal of Materials Processing Technology,1998,75(1-3):222-234.

[117] 林忠钦,张卫刚,包友霞,等. 轿车侧框冲压成形过程的仿真与试验分析[J]. 上海交通大学学报,1998,(11):137-141.

[118] Azapagic A. Life cycle assessment and its application to process selection,design and optimisation[J]. Chemical Engineering Journal,1999,73(1):1-21.

[119] 李富柱,郭玉琴,李学艺. 虚拟冲压仿真关键技术及其发展趋势[J]. 煤矿机械,2007,(12):7-9.

[120] Hill R. The Mathematical Theory of Plasticity[M]. London:Oxford,1950.

[121] Gardiner F J. The springback of metals[J]. Trans.ASME,1957,79(1):1-9.

[122] Queener C A. Elastic Springback and Residual Stresses in Sheet Metal Formed by Bending[D]. Kentucky:University of Kentucky,1966.

[123] Oh S I, Kobayashi S. Finite element analysis of plane strain sheet bending[J]. International Journal of Mechanical Science,1980,22(9):583-594.

[124] Ueda M, Ueno K, Kobayashi M. A study of springback in the stretch bending of channels[J]. Journal of Mechanical Working Technology,1981,5(3-4):163-179.

[125] Yu T X, Johnson W. Influence of axial force on the elastic-plastic bending and springback of a beam[J]. Journal of

Mechanical Working Technology, 1982, 6 (1): 5-21.

[126] Chakhari M L, Jalinier J M. Springback of complex bent parts[C]. International Deep Drawing Research Group. 1984: 148-159.

[127] Levy B S. Empirically derived equations for predicting springback in bending[J]. Journal of Applied Metalworking, 1984, 3 (2): 135-141.

[128] Makinouchi A. Elastic-plastic stress analysis of bending and hemming of sheet metal[C]. Computer Modeling of Sheet Metal Forming Process: Theory, Verification and Application. Michigan: Ann Arbor, 1985: 161-176.

[129] Chu C C. Elastic-plastic springback of sheet metals subjected to complex plane strain bending histories[J]. International Journal of Solids and Structures, 1986, 22 (10): 1071-1081.

[130] Yuen W. Springback in the stretch-bending of sheet metal with non-uniform deformation[J]. Journal of Materials Processing Technology, 1990, 22 (1): 1-20.

[131] Samuel M. Experimental and numerical prediction of springback and side wall curl in U-bendings of anisotropic sheet metals[J]. Journal of Materials Processing Technology, 2000, 105 (3): 382-393.

[132] Chou I N, Hung C. Finite element analysis and optimization on springback reduction[J]. International Journal of Machine Tools and Manufacture, 1999, 39 (3): 517-536.

[133] Pourboghrat F, Chu E. Springback in plane strain stretch/draw sheet forming[J]. International Journal of Mechanical Sciences, 1995, 37 (3): 327-341.

[134] Esat V, Darendeliler H, Gokler M I. Finite element analysis of springback in bending of aluminium sheets[J]. Materials and Design, 2002, 23 (2): 223-229.

[135] Papeleux L, Ponthot J P. Finite element simulation of springback in sheet metal forming[J]. Journal of Materials Processing Technology, 2002, 125-126: 785-791.

[136] Gomes C, Onipede O, Lovell M. Investigation of springback in high strength anisotropic steels[J]. Journal of Materials Processing Technology, 2005, 159 (1): 91-98.

[137] Lee S W. A study on the bi-directional springback of sheet metal stamping[J]. Journal of Materials Processing Technology, 2005, 167 (1): 33-40.

[138] Yanagimoto J, Oyamada K, Nakagawa T. Springback of high-strength steel after hot and warm sheet formings[J]. CIRP Annals-Manufacturing Technology, 2005, 54 (1): 213-216.

[139] Lee S W, Kim Y T. A study on the springback in the sheet metal flange drawing[J]. Journal of Materials Processing Technology, 2007, 187-188: 89-93.

[140] Wagoner R H, Li M. Simulation of springback: Through-thickness integration[J]. International Journal of Plasticity, 2007, 23 (3): 345-360.

[141] 薛新, 刘强, 阮锋. 基于数值模拟的弧形件板料弯曲回弹补偿研究[J]. 锻压装备与制造技术, 2007, (6): 59-62.

[142] 黄亚娟, 丘宏扬. 汽车冲压件的回弹控制研究[J]. 锻压装备与制造技术, 2008, (2): 61-64.

[143] Rahmani B, Alinejad G, Bakhshi-Jooybari M, et al. An investigation on springback/negative springback phenomena using finite element method and experimental approach[C]. Proceedings of the Institution of Mechanical Engineers, Part B: Journal of Engineering Manufacture. London: Professional Engineering Publishing Ltd., 2009: 841-850.

[144] Finn M J, Galbraith P C, Wu L, et al. Use of a coupled explicit-implicit solver for calculating spring-back in automotive body panels[J]. Journal of Materials Processing Technology, 1995, 50 (1): 395-409.

[145] Narasimhan N, Lovell M. Predicting springback in sheet metal forming: An explicit to implicit sequential solution procedure[J]. Finite Elements in Analysis and Design, 1999, 33 (1): 29-42.

[146] Yang D Y, Jung D W, Song I S, et al. Comparative investigation into implicit, explicit, and iterative implicit/explicit schemes for the simulation of sheet-metal forming processes[J]. Journal of Materials Processing Technology, 1995, 50（1）: 39-53.

[147] Hill R. A theory of the yielding and plastic flow of anisotropic metals（Hill-1948）[C]. Proceedings of the Royal Society of London, Series A: Mathematical and Physical. London: the Royal Society of London, 1948: 281-297.

[148] Barlat F, Lian K. Plastic behavior and stretchability of sheet metals. Part I: A yield function for orthotropic sheets under plane stress conditions[J]. International Journal of Plasticity, 1989, 5（1）: 51-66.

[149] 雷正保. 汽车覆盖件冲压成形 CAE 技术[M]. 长沙: 国防科技大学出版社, 2003.

[150] Jung D W, Yang K B. Comparative investigation into membrane, shell and continuum elements for the rigidplastic finite element analysis of two-dimensional sheet metal forming problems[J]. Journal of Materials Processing Technology, 2000, 104（3）: 185-190.

[151] Yang D Y, Shim H B, Chung W J. Comparative investigation of sheet metal forming processes by the elastic-plastic finite element method with emphasis on the effect of bending[J]. Engineering Computations, 1990, 7（4）: 274-283.

[152] Mori K, Wang C, Osakada K. Inclusion of elastic deformation in rigid-plastic finite element analysis[J]. International Journal of Mechanical Sciences, 1996, 38（6）: 621-631.

[153] Lee D W, Yang D Y. Consideration of geometric nonlinearity in rigid-plastic finite element formulation of continuum elements for large deformation[J]. International Journal of Mechanical Sciences, 1997, 39（12）: 1423-1440.

[154] Ahmad S, Irons B M, Zienkiewicz O. Analysis of thick and thin shell structures by curved finite elements[J]. International Journal for Numerical Methods in Engineering, 1970, 2（3）: 419-451.

[155] Meek J L. A brief history of the beginning of the finite element method[J]. International Journal for Numerical Methods in Engineering, 1996, 39: 3761-3774.

[156] 陈文良. 板料成形 CAE 分析教程[M]. 北京: 机械工业出版社, 2005.

[157] 林忠钦. 车身覆盖件冲压成形仿真[M]. 北京: 机械工业出版社, 2004.

[158] Chappuis L B, Tang S C, Chen X M, et al. A numerically stable computer model for sheet metal forming analysis by 2D membrane theory[C]. SAE International, Washington D C, 1993.

[159] 崔虎, 关建东, 康永林. CSP 生产 SPHC 板材的冷轧退火工艺研究[J]. 轧钢, 2010, 27（3）: 20-23.

[160] GB/T 4340—2009.金属材料维氏硬度试验[S]. 2009.

[161] 薛松, 周杰, 何应强. 差厚拼焊板成形性的单向拉伸试验[J]. 锻压技术, 2011, 36（2）: 30-33.

[162] 孙东继, 林建平, 刘瑞同, 等. 金属板料幂指型硬化模型应变强化系数 K 值研究[J]. 塑性工程学报, 2009, 16（1）: 149-152.

[163] GB/T 228—2002.金属材料 室温拉伸试验方法[S]. 2002.

[164] ASTM Standard E8-04, Standard Test Methods for Tension Testing of Metallic Materials[S]. 2001.

[165] 张华伟, 刘立忠, 胡平, 等. 轧制差厚板单向拉伸性能研究[J]. 大连理工大学学报, 2012, 52（5）: 648-651.

[166] Zhang H W, Liu X H, Liu L Z, et al. Study on nonuniform deformation of tailor rolled blank during uniaxial tension[J]. Acta Metallurgica Sinica（English Letters）, 2015, 28（9）: 1198-1204.

[167] 尹红国. 罩式退火工艺对 SPCC 冷轧薄钢板组织及性能的影响[D]. 长沙: 湖南大学, 2009.

[168] 罗曼诺夫斯基. 冷压手册[M]. 迟家骏, 译. 北京: 中国工业出版社, 1965.

[169] 日本塑性加工学会. 压力加工手册[M]. 江国屏, 等译. 北京: 机械工业出版社, 1984.

[170] 杨玉英. 盒形件成形机理的探讨[J]. 锻压技术, 1989,（6）: 13-17.

[171] 李硕本. 冲压工艺学[M]. 北京: 机械工业出版社, 1982.

[172] 张华伟, 吴佳璐, 刘相华, 等. 轧制差厚板方盒形件起皱缺陷研究[J]. 东北大学学报（自然科学版）, 2016,

37（11）：1554-1558.

[173] Choi Y, Heo Y, Kim H Y, et al. Investigations of weld-line movements for the deep drawing process of tailor welded blanks[J]. Journal of Materials Processing Technology，2000，108（1）：1-7.

[174] 张华伟,胡平,刘立忠,等. 影响轧制差厚板冲压成形性能的几何参数研究[J]. 机械设计与制造，2012,（4）：7-9.

[175] Zhang H W, Liu L Z, Hu P, et al. Research on formability of Tailor rolled blank in stamping process[C]. The 11th International Conference on Numerical Methods in Industrial Forming Processes. Shenyang：AIP Conference Proceedings，2013：891-897.

[176] Heo Y, Choi Y, Kim H Y, et al. Characteristics of weld line movements for the deep drawing with drawbeads of tailor-welded blanks[J]. Journal of Materials Processing Technology，2001，111（1-3）：164-169.

[177] 张华伟,刘相华,刘立忠. 轧制差厚板盒形件成形性能研究[J]. 锻压技术，2015，40（9）：11-15.

[178] Zhang H W, Liu X H, Liu L Z, et al. Forming limit and thickness transition zone movement for tailor rolled blank during drawing process[J]. Journal of Iron and Steel Research International，2016，23（3）：185-189.

[179] Lang L H, Kang D C, Zhang S H, et al. Effects of specified blank size on body wrinkling during hydrodynamic deep drawing of tapered rectangular box[J]. Acta Metallurgica Sinica（English Letters），2000，13（2）：476-480.

[180] Vladimirov I N, Pietryga M P, Reese S. Prediction of springback in sheet forming by a new finite strain model with nonlinear kinematic and isotropic hardening[J]. Journal of Materials Processing Technology，2009，209（8）：4062-4075.

[181] Zhang H W, Liu L Z, Hu P, et al. Numerical simulation and experimental investigation of springback in u-channel forming of tailor rolled blank[J]. Journal of Iron and Steel Research International，2012，19（9）：8-12.

[182] 姜银方,袁国定,杨继昌,等. 拼焊板弯曲回弹的理论与试验研究[J]. 机械工程学报，2005，41（12）：200-204.

[183] 徐伟力,马朝晖,李川海,等. 回弹显式解法的影响因素[J]. 锻压技术，2004,（6）：12-15.

[184] 张立力,齐恬,戴映荣. 数值模拟参数和工艺参数对板材成形回弹影响的研究[J]. 锻压技术，2002,（6）：18-21.

[185] Valente F, Li X P, Messina A. Springback prediction for stamping tools compensation by numerical simulation[J]. Centro Ricerche Fiat，1997，3：192-194.

[186] 戴洪. 前纵梁高强激光拼焊板全工序成形及回弹控制研究[D]. 重庆：重庆大学，2014.

[187] 段永川,官英平,赵军. 拼焊宽板V形自由弯曲回弹预测及试验验证[J]. 机械工程学报，2012，48（20）：66-72.

[188] 霍学欢. 轿车B立柱拼焊板成形精度控制及回弹补偿方法的研究[D]. 哈尔滨：哈尔滨理工大学，2013.

[189] 王红伟. 汽车连续变截面横梁板厚优化及回弹研究[D]. 镇江：江苏大学，2008.

[190] Zhang H W, Liu L Z, Hu P, et al. Springback characteristics in u-channel forming of tailor rolled blank[J]. Acta Metallurgica Sinica（English Letters），2012，25（3）：207-213.

[191] 涂新军. 拼焊板弯曲回弹控制及模具型面补偿技术研究[D]. 镇江：江苏大学，2006.

[192] Chatti S, Hermes M, Weinrich A, et al. New incremental methods for springback compensation by stress superposition[J]. International Journal of Material Forming，2009，2：817-820.

[193] Nguyen N T, Hariharan K, Chakraborti N, et al. Springback reduction in tailor welded blank with high strength differential by using multi-objective evolutionary and genetic algorithms[J]. Steel Research International，2015，86（11）：1391-1402.

[194] Zhang H W, Guan Y P, Wu J L, et al. Transverse bending characteristics in u-channel forming of tailor rolled blank[J]. Journal of Iron and Steel Research International，2016，23（12）：1249-1254.

[195] Liu H S, Xing Z W, Sun Z Z, et al. Adaptive multiple scale meshless simulation on springback analysis in sheet metal forming[J]. Engineering Analysis with Boundary Elements，2011，35（3）：436-451.

编 后 记

　　《博士后文库》(以下简称《文库》)是汇集自然科学领域博士后研究人员优秀学术成果的系列丛书。《文库》致力于打造专属于博士后学术创新的旗舰品牌,营造博士后百花齐放的学术氛围,提升博士后优秀成果的学术和社会影响力。

　　《文库》出版资助工作开展以来,得到了全国博士后管委会办公室、中国博士后科学基金会、中国科学院、科学出版社等有关单位领导的大力支持,众多热心博士后事业的专家学者给予积极的建议,工作人员做了大量艰苦细致的工作。在此,我们一并表示感谢!

《博士后文库》编委会